U0163608

基于集成学习的
文本情感分类问题研究

王 刚 著

科 学 出 版 社
北 京

内 容 简 介

本书是近年来作者对文本情感分类研究成果及经验的总结。本书针对文本情感分类中存在的高维数据、非均衡数据和无标签数据等问题，将泛化能力和适应性较强的集成学习引入文本情感分类问题的研究中，系统比较各类集成学习方法在文本情感分析中的有效性，以此为基础分别研究基于 POS-RS 的文本情感分类问题、基于非均衡数据分类的文本情感分类问题，以及基于半监督学习的文本情感分类问题。

本书可供相关领域研究人员阅读，也可作为相关专业研究生的教学参考书，以及高年级本科生开阔视野、增长知识的阅读材料。

图书在版编目（CIP）数据

基于集成学习的文本情感分类问题研究 / 王刚著. —北京：科学出版社，2023.2

ISBN 978-7-03-069613-7

Ⅰ. ①基…　Ⅱ. ①王…　Ⅲ. ①自然语言处理-研究　Ⅳ. ①TP391

中国版本图书馆 CIP 数据核字（2021）第 166778 号

责任编辑：李　嘉 / 责任校对：贾娜娜
责任印制：张　伟 / 封面设计：无极书装

科学出版社 出版
北京东黄城根北街 16 号
邮政编码：100717
http://www.sciencep.com
涿州市般润文化传播有限公司 印刷
科学出版社发行　各地新华书店经销
*
2023 年 2 月第　一　版　开本：720 × 1000　1/16
2023 年 9 月第二次印刷　印张：8 3/4　插页：3
字数：172 000

定价：88.00 元

（如有印装质量问题，我社负责调换）

前　言

随着社交媒体的不断普及，网络上出现了大量用户创造的文本信息。这类文本包含用户观点、意见和态度等情感信息，对互联网用户有重要的作用，已受到越来越多的重视。人们提出了大量文本情感分类方法来利用这些数据。然而，当前已经提出的大量文本情感分类方法在实践应用中效果并不好，其中一个重要的原因是文本情感分类问题由数据驱动，数据的固有属性直接影响文本情感分类技术在实践中的应用。在实际应用中，文本情感分类除了存在大量的高维数据问题，还存在大量的非均衡数据和无标签数据问题。这些问题带来了分类特征间关系复杂、易造成过学习和数据利用不充分等问题。

本书针对文本情感分类中存在大量高维数据、非均衡数据和无标签数据等问题，将泛化能力和适应性较强的集成学习引入文本情感分类问题的研究中，从分析文本情感分类问题中数据的特征和影响入手，系统研究文本情感分类中存在的大量高维数据、非均衡数据和无标签数据等问题，并系统比较各类集成学习方法在文本情感分析中的有效性。以此为基础，分别研究基于 POS-RS①的文本情感分类问题、基于非均衡数据分类的文本情感分类问题，以及基于 IDSSL②的文本情感分类问题。通过实证研究，完善基于集成学习的文本情感分类的理论和方法，为企业提供文本情感分类中存在的高维数据、非均衡数据和无标签数据分类问题的解决方案。

全书共 7 章。第 1 章为绪论，主要介绍研究背景，总结文本情感分类的国内外研究现状，分析发展动态，提出研究目标、研究内容和研究方法。第 2 章为文本情感分类和机器学习理论研究，分别对本书所涉及文本情感分类和机器学习相关基础理论进行研究。第 3 章为集成学习在文本情感分类中的比较研究，主要涉及已有集成学习方法和基于集成学习的方法在文本情感分类中的比较研究。第 4 章

---

① POS-RS 是指基于词性分析的随机子空间情感分类方法（a random subspace method for sentiment classification based on part-of-speech analysis）。

② IDSSL 是指改进的基于分歧的半监督学习（improved disagreement based semi-supervised learning）。

为基于 POS-RS 的文本情感分类研究，提出一种改进的随机子空间（random subspace，RS）文本情感分类方法——POS-RS 算法，并构建基于 POS-RS 的文本情感分类模型。第 5 章为电子商务中面向非均衡数据的文本情感分类研究，基于数据分布非均衡的特点和词性分析，提出一种改进的文本情感分类方法，并将该方法应用于电子商务领域。第 6 章为基于 IDSSL 的文本情感分类研究，主要分析半监督学习的基础理论，并以此构建基于 IDSSL 的文本情感分类模型。第 7 章为结论与展望，对全书进行总结分析和展望，提出进一步的研究方向。

此科研工作得到了国家自然科学基金，以及省、部级相关科研管理部门和相关企业委托的课题的大力支持，对其表示衷心的感谢！在本书的撰写过程中，研究生李宁宁、孙二冬、张峰等做了大量实质性的研究工作以及相关的编写工作，衷心地感谢他们！衷心感谢所有参考文献的作者！衷心感谢团队所在的教育部过程优化与智能决策重点实验室为团队科研工作创造了良好的学术环境和研究条件！衷心感谢科学出版社为本书的出版所做的大量的精心细致的工作！

由于涉及多个学科前沿，知识面广，作者水平有限，本书难免有不妥之处，恳请广大同行、读者给予批评指正。

王　刚

2021 年 2 月 3 日立春于斛兵塘畔

目　录

第1章 绪　　论

1.1 研究背景

近年来，随着互联网的快速发展，互联网用户大规模增加。第48次《中国互联网络发展状况统计报告》显示，截至2021年6月，我国网民规模达10.11亿人，互联网普及率为71.6%。互联网的广泛普及带动了博客、论坛和社交网络等社交媒体的飞速发展，同时产生了大量源于用户创造的主观性文本。这类文本包含用户观点、意见和态度等情感信息，对互联网用户有重要的作用。例如，消费者在互联网上购买某项产品或服务的时候，一般会参考之前购买者的评论信息，来辅助自己的购买决策行为。这些主观性文本的数量急速增加，人工分析需要消耗大量的人力和时间。因此，如何利用信息技术来有效地收集、存储和分析这些主观性文本所表达的情感信息已成为当前迫切需要解决的问题。文本情感分类技术正是解决这一问题的有效工具。

文本情感分类技术可以从海量的文本数据中发现和提取有价值的信息、知识，并可以帮助企业做出科学合理的决策，已经成为企业提高竞争力的重要手段。然而，当前已经提出的大量文本情感分类方法在实践应用中效果并不好，其中一个重要的原因是文本情感分类问题由数据驱动，数据的固有属性直接影响文本情感分类技术在实践中的成功应用。在实际应用中，文本情感分类除了存在大量的高维数据问题，还存在大量的非均衡数据和无标签数据问题。这些问题带来了特征间关系复杂、易造成过学习和数据利用不充分等问题。现有的文本情感分类方法主要用来解决高维数据问题，对其他问题考虑较少，在实际应用中效果较差。因此，文本情感分类中的高维数据、非均衡数据和无标签数据等问题成为人工智能和数据挖掘领域的热点问题。

与此同时，集成学习通过训练多个学习器并将结果进行集成，从而显著提高学习系统的泛化能力，已成为近年来机器学习领域的一个重要研究方向。国内外大量学者投入了集成学习的研究中，理论和应用成果不断涌现。目前集成学习已经成功应用到企业实践中，部分解决了高维数据、非均衡数据和无标签数据问题。

在企业实践中，文本情感分类会遇到大量高维数据、非均衡数据和无标签数据问题，单一分类方法已经不能很好地解决这些问题，同时考虑集成学习具有较强的泛化能力和适应性，本书将其引入文本情感分类中。

综上所述，针对文本情感分类中存在大量高维数据、非均衡数据和无标签数据的问题，本书将泛化能力和适应性较强的集成学习引入文本情感分类的研究中，从分析文本情感分类问题中数据的特征和影响入手，系统研究文本情感分类中存在的大量高维数据、非均衡数据和无标签数据等问题，并系统比较各类集成学习方法在文本情感分析中的有效性。以此为基础，分别构建基于 POS-RS 的文本情感分类模型、基于非均衡数据分类和词性分析的文本情感分类模型，以及基于 IDSSL 的文本情感分类模型。通过实证研究，完善基于集成学习的文本情感分类的理论和方法，为企业提供文本情感分类中存在的高维数据、非均衡数据和无标签数据问题的解决方案。本书为解决文本情感分类中存在的高维数据、非均衡数据和无标签数据等问题提供了新的方式和途径，丰富基于集成学习的文本情感分类的理论研究体系，推动文本情感分类中高维数据、非均衡数据和无标签数据等问题的研究和应用，增强企业的数据处理和利用能力，具有重要的理论意义和实践价值。

1.2 国内外研究现状及发展动态分析

本书主要涉及文本情感分类和集成学习等方面的内容，下面就国内外相关研究现状及发展动态进行分析。

1.2.1 文本情感分类相关研究

近年来，文本情感分类已经成为人工智能和数据挖掘领域的热门话题，受到了国内外学者的广泛关注。文本情感分类涉及文本挖掘、机器学习、自然语言处理等多个研究领域。文本情感分类是指通过分析和挖掘用户生成内容中所表达的观点、意见等情感信息，判别用户生成内容中的情感倾向。文本情感分类任务按其分析的粒度可以分为特征级别、句子级别、篇章级别等子任务。特征级别的文本情感分类的研究对象是文本中实体特征，研究任务是判断特征中包含的褒贬倾向性。句子级别的文本情感分类的研究任务是判断主观性句子的褒贬倾向性。篇章级别的文本情感分类的研究任务是判断文章的褒贬倾向性。文本情感分类主要有两种方法：基于情感知识的方法和基于机器学习的方法[1-5]。

1. 基于情感知识的方法

基于情感知识的方法主要依赖情感词典以及一些自然语言处理知识，对文本的情感倾向进行分类。例如，Ohana 和 Tierney[6]采用通用情感词典 SentiWordNet 来识别文本中的情感词，计算情感分值，制定规则，并对文本情感倾向进行识别。Hatzivassiloglou 和 McKeown[7]认为将形容词连接起来的连词对于形容词的情感倾向的判别很有帮助，其中连词主要包括 and、or、but、either-or 和 neither-nor 等。这种方法虽然取得了 78.08%的正确率，但是不能处理除形容词以外词性的词语。Turney[8]用点间互信息（pointwise mutual information，PMI）方法判断文本的情感倾向。他首先抽取包含形容词或副词的短语作为情感词，然后计算该情感词与褒义词 excellent 的 PMI 值和该情感词与贬义词 poor 的 PMI 值的差值，得到该情感词的情感倾向值，最后计算文本中所有情感词的情感倾向值的平均值并得到情感倾向。基于情感知识的方法虽然取得了一些成果，但是需要事先构建情感知识库，这限制了基于情感知识的方法的进一步发展。因此，本书主要关注基于机器学习的方法。

2. 基于机器学习的方法

基于机器学习的方法在文本情感分类中已经得到广泛的研究。相比于基于情感知识的方法，基于机器学习的方法不依赖情感词和自然语言处理技术，有更强的适应性[3]。基于机器学习的方法包括两个主要步骤：①通过特征构建技术提取主观性文本的文本信息；②使用分类技术对这些文本信息中所包含的情感信息进行挖掘[4, 5]。目前经常使用词袋（bag-of-words，BOW）方法进行文本情感分类的特征构建，BOW 方法中的文本是无序词汇的集合。BOW 方法主要使用 N 元语言模型（N-gram）作为词语特征。Pang 等[1]首次将机器学习方法用于篇章级别的文本情感分类，并使用一元语言模型（Unigram）特征得到了最好的分类结果。一些学者将语义、短语及被 BOW 方法忽视的语义之间的联系等自然语言处理知识应用于文本情感分类的特征构建中，如使用否定词、词性（part-of-speech）等作为文本特征[1, 3]。但是这些方法需要经过烦琐的自然语言预处理过程，降低了分类的速度，而且对分类效果的改善不明显[3, 4]。基于机器学习的方法所使用的分类技术主要有朴素贝叶斯（naive Bayes，NB）、支持向量机（support vector machine，SVM）和最大熵（maximum entropy，ME）等[1-4]。

1.2.2 集成学习相关研究

集成学习是近年来机器学习领域的研究热点之一，它针对同一问题使用多个学习器进行学习，并使用某种规则把各个学习结果进行整合，从而获得比单个学习器更好的学习效果。集成学习中的每个学习器称为基学习器或者基分类器[9, 10]。较早开展集成学习研究的是 Dasarathy 和 Sheela[11]。之后，Hansen 和 Salamon[12]通过研究发现，训练多个神经网络并将其结果按照一定的规则进行组合，就能显著提高整个学习系统的泛化能力。与此同时，Schapire[13]通过构造性方法证明了可以将弱学习算法提升成强学习算法，这个过程就是自适应提升（Boosting）算法的雏形。基于此，在以上早期研究的带动下，集成学习的研究迅速开展起来，理论和应用成果不断涌现，成为机器学习领域最主要的研究方向之一[9, 10]。如何设计更有效的集成学习方法，以提高集成学习的泛化能力，并将集成学习应用到实际问题中，成为集成学习研究的热点问题。

根据构造阶段，集成学习方法可以分为基学习器生成方法和基学习器组合方法。基学习器生成方法主要包括基于数据划分的方法、基于特征划分的方法、引入随机性的方法等。基于数据划分的方法通过处理训练样本产生多个样本集，基学习器运行多次，每次使用一个样本集，如自助投票（Bagging）[14]和 Boosting[15]等算法；基于特征划分的方法把输入特征划分成子集，用作不同基学习器的输入向量，每次使用一个特征子集，如 RS[16, 17]等算法；引入随机性的方法通过将随机性引入学习算法来构造不同的基学习器，例如，在人工神经网络中，可以将网络初始权值设为不同的随机值，经过训练获得完全不同的基学习器。除了上述方法，学者还提出了层叠泛化（stacked generalization）[18]、级联归纳（cascade generalization）[19]、纠错输出编码（error-correcting output codes，ECOC）[20]等基学习器生成方法。基学习器组合方法根据基学习器的输出可以分为抽象类、排序类和度量类。抽象类中，每个基学习器仅仅输出一个类别标签或者类别标签子集，如投票法和行为知识空间（behavior-knowledge space）法[21]等；排序类中，基学习器根据未知样本所属类别的可能性，将所有类别标签或者类别标签子集进行排序，第一个标签代表未知样本最可能的类别，以此类推，如波达（Borda）计数法和逻辑（Logistic）回归法等[10]；度量类中，每个分类器对每个类别输出一个度量值，表示未知样本属于该类别的程度，如平均法和证据理论[22]等。除了上述方法，学者还提出了通过使用另一个学习器来完成对结果的组合的方法，如贝叶斯集成、层叠泛化[18]和元学习（meta learning）[23]等。

集成学习领域除了对方法本身的关注，还需要关注的重要问题就是从理论上对集成学习进行分析。集成学习具有较强的泛化能力。Dietterich[24]从统计、计算、表示等三个角度解释了集成学习获得成功的原因。但是，Dietterich 的解释主要基于观念，不能针对具体问题进行理论上的分析。目前集成学习的理论分析主要从基学习器生成和结论生成两方面展开。具体来说主要有：①偏差-方差（bias-variance）分解法[10]，它是机器学习中的一种重要的分析技术。给定学习目标和训练集规模，它可以把一种学习算法的期望误差分解为三个非负项的和，即偏差、方差和本真噪声。以往的研究表明，Boosting 算法主要降低偏差，Bagging 算法主要降低方差[10]。②误差-模糊（error-ambiguity）分解法，其源于 Krogh 和 Vedelsby[25]推导出的重要公式 $E=\bar{E}-\bar{A}$，其中，E 为集成的泛化误差，$\bar{E}$ 为集成中基学习器的平均泛化误差，$\bar{A}$ 为集成中基学习器的平均模糊。③从边际（margin）的角度分析集成学习的有效性及其对噪声的反应[26]。广大学者尽管已从不同角度对集成学习进行了理论分析，但对集成学习成功的本质原因还没有达成共识[10, 27]。一般认为，有效地产生泛化能力强、多样性大的基学习器是集成学习的关键。为此，学者从不同角度提出了多样性的定义和度量公式，可分为两两计算（pairwise）和非两两计算（non-pairwise）两类[28, 29]。两两计算的多样性首先计算所有两两基学习器间的多样性，然后求均值，作为整个集成学习系统的多样性。两两计算的多样性的度量有 Q 统计量、不一致度量（disagreement measure）、双错误度量（double-fault measure）等[28]。非两两计算的多样性中，所有基学习器同时参与计算，而不需要计算两两基学习器间的多样性。非两两计算的多样性的度量有熵度量、科哈维-沃尔珀特（Kohavi-Wolpert）方差、困难度量（difficulty measure）等[29]。

1.3 研究目标

针对文本情感分类中存在的大量高维数据、非均衡数据、无标签数据等问题，本书提出基于集成学习的文本情感分类问题研究。本书的研究目标如下。

（1）理论上，从分析文本情感分类中集成学习问题的特征和影响入手，系统研究文本情感分类中存在的大量高维数据、非均衡数据和无标签数据等问题，并在此基础上构建基于集成学习的文本情感分类模型，从而为解决文本情感分类中存在的大量高维数据、非均衡数据和无标签数据等问题提供新的方式和途径，丰富和完善基于集成学习的文本情感分类的理论研究体系。

（2）技术上，在集成学习、非均衡数据分类和半监督学习的基础理论研究的基础上，构建基于集成学习的文本情感分类模型，主要包括基于 POS-RS 的文本情感分类模型、基于非均衡数据分类和词性分析的文本情感分类模型、基于 IDSSL 的文本情感分类模型。

（3）应用上，将本书提出的基于集成学习的文本情感分类模型应用到实践中，如电子商务等领域。通过对电子商务等领域的案例进行研究，对基于集成学习的文本情感分类方法的研究成效进行实践检验，扩展基于集成学习的文本情感分类方法的应用范围。

1.4 研究内容

根据以上研究目标，本书主要研究内容如下。

第一，文本情感分类技术在企业的实际应用过程中的准确性很低，主要是由于文本情感分类中存在大量高维数据、非均衡数据和无标签数据等问题。目前单一的分类方法已经不能很好地解决这些问题，考虑集成学习具有较强的泛化能力和适应性，本书提出基于集成学习的文本情感分类问题研究。系统地比较研究集成学习在文本情感分类中的具体应用，为后续研究奠定基础。

第二，针对文本情感分类中存在大量的高维数据问题，本书从文本情感分类中的数据特征和影响入手，对集成学习的基础理论进行分析研究，以集成学习基础理论为基础，讨论基学习器的准确性和多样性对集成学习的影响，基于词性分析，提出改进的文本情感分类方法——POS-RS 算法，构建基于 POS-RS 的文本情感分类模型。

第三，针对文本情感分类中存在的非均衡数据问题，以集成学习的基础理论为基础，分析数据非均衡分布的特性对文本情感分类的影响，基于词性分析来构建特征，提出基于非均衡数据分类和词性分析的文本情感分类方法。

第四，针对文本情感分类中存在的无标签数据问题，以集成学习的基础理论为基础，对半监督学习的基础理论作进一步的分析研究，在半监督的基础假设和半监督学习的有效性分析等理论基础上，提出基于IDSSL的文本情感分类方法，构建基于IDSSL的文本情感分类模型。

1.5　研究方法

本书主要使用的研究方法如下。

1）文献研究方法

充分运用已有的资源，包括平时积累的专业资料和自有藏书、图书馆所藏的专业期刊和书籍，以及丰富的网络资源，对基于集成学习的文本情感分类问题做出系统全面的归纳总结。

2）理论分析与建模研究方法

对基于集成学习的文本情感分类问题进行理论分析，在明确问题的基础上，建立相关模型。针对文本情感分类的高维数据问题，建立基于集成学习的文本情感分类模型；针对文本情感分类的非均衡数据问题，建立基于非均衡数据分类的文本情感分类模型；针对文本情感分类的无标签数据问题，建立基于半监督学习的文本情感分类模型。

3）模拟实验法

针对新建立的基于集成学习的文本情感分类模型，先设计整体框架、模拟实验，再获取反馈信息，以此来修正模型中的参数、结构等要素。依据实验研究方法的步骤，关键是设计对比实验，对控制组数据进行现有方法的测试，对实验组数据除进行现有方法的测试外，还要进行改进模型的测试。

4）案例研究方法

选择一些具有典型意义的应用场景进行案例研究，深入了解该应用场景在情感分类中碰到的问题，识别文本情感分类的需求，从而进一步扩展文本情感分类的应用研究。本书主要结合电子商务这一场景进行深入的案例研究，系统分析文本情感分类中的数据特点。

1.6　本书结构

全书共7章。

第 1 章为绪论，主要介绍研究背景，总结文本情感分类的国内外研究现状，分析发展动态，提出研究目标、研究内容和研究方法。

第 2 章为文本情感分类和机器学习理论研究，分别对本书所涉及的文本情感分类和机器学习相关基础理论进行研究。

第 3 章为集成学习在文本情感分类中的比较研究，主要涉及已有集成学习方法和基于集成学习的方法在文本情感分类中的比较研究。

第 4 章为基于 POS-RS 的文本情感分类研究，提出一种改进的 RS 文本情感分类方法——POS-RS 算法，并构建基于 POS-RS 的文本情感分类模型。

第 5 章为电子商务中面向非均衡数据的文本情感分类研究，基于数据分布非均衡的特点和词性分析，提出一种改进的文本情感分类方法，并将该方法应用于电子商务领域。

第 6 章为基于 IDSSL 的文本情感分类研究，主要分析半监督学习的基础理论，并以此构建基于 IDSSL 的文本情感分类模型。

第 7 章为结论与展望，对全书进行总结分析和展望，提出进一步的研究方向。

第2章　文本情感分类和机器学习理论研究

2.1　文本情感分类理论研究

文本情感分类是人工智能和数据挖掘领域的一个重要研究方向，受到越来越多的国内外学者的关注。本章首先对文本情感分类进行概述，然后对文本情感分类的主要任务进行分析，最后分别对文本情感分类的主要方法（基于情感知识的方法和基于机器学习的方法）进行分析。

2.1.1　文本情感分类概述

近年来，随着Web2.0的快速发展，人们可以很容易地在亚马逊、天猫等电子商务网站上发布商品评论，或者在论坛、博客、微博等互联网应用上表达自己的意见。这些包含评论和意见的主观性文本通常称为用户生成内容。用户生成内容含有各种有用的情感信息，包括人们的观点、看法和评价等。例如，大部分淘宝用户会在购买商品之前将商品的评论作为决策依据。与此同时，用户生成内容的数量非常大，仅靠人工处理是不现实的，因此如何借助技术手段对用户生成内容中的情感信息进行分析和挖掘已成为热门研究问题，文本情感分析技术应运而生[3, 30-32]。

文本情感分析（sentiment analysis），又称为意见挖掘（opinion mining），是指分析和挖掘互联网上用户生成内容中的立场、观点、情绪等情感信息[1, 3]。文本情感分析的主要任务有文本情感分类、观点总结、垃圾意见判别和评论质量分析等。文本情感分类是指对用户生成内容的情感信息进行分析，识别其情感倾向[2-5, 30-32]。情感倾向分为正向和负向两个类别，正向是指文本总体的情感倾向是褒义表达；负向是指文本总体的情感倾向是贬义表达。除了这一分类体系，还有学者把情感倾向分为三类：正向、负向和中性，其中，中性是指文本总体的情感倾向是客观表达。观点总结是将大量评论者的观点加以综合、总结，得出一份完整的分析结果[33]。垃圾意见判别是对互联网上的用户生成内容进行垃圾意见的识别，其中，垃圾意见是指用户生成内容中与主题无关或者虚假性的内容，主要包括虚假意见、广告以及其他与评论对象无关的评论，垃圾意见对文本情感倾向的分类效果有着巨大的影响。评论质量分析是对评论的质量、实用性、有用性进行分析和研究。评论质量分析与垃圾意见判别有关，但是也有不同之处。例如，低质量评论可能不是垃圾评论，虚假评论可能不是低质量评论[32]。

文本情感分类是文本情感分析中其他任务的基础，因此本书主要对文本情感分类进行研究。

2.1.2 文本情感分类的主要任务

文本情感分类的主要任务有情感词典生成（sentiment lexicon generation）、特征级别的文本情感分类（feature-based sentiment classification）、句子级别的文本情感分类（sentence subjectivity and sentiment classification）、篇章级别的文本情感分类（document sentiment classification），下面对这些任务进行系统的分析。

1. 情感词典生成

情感词是指带有情感倾向的词语，它可以是名词、动词、形容词、副词及一些习惯用语或短语等，是研究文本情感分类的基础。情感词典是情感词的集合。因此，情感词典是文本情感分类中重要且基础的工作。学者提出了很多情感词典生成方法，主要有人工提取的方法、基于词典的方法和基于语料库的方法[32]。人工提取的方法非常耗时耗力，因而经常不单独使用，而是与其他方法相结合。基于词典的方法利用字典中词语的语义关系来识别情感词。常用的英文词典为WordNet，中文词典为HowNet。基于语料库的方法首先构建一个足够大的语料库，其次定义一些情感种子词，再次利用一些统计特征或者制定一些规则，最后判断新词的情感倾向和极性强度。

2. 特征级别的文本情感分类

特征级别的文本情感分类是一种细粒度的文本情感分类任务。假设每个文本都只包含对一个实体的评论，但一个包含支持观点的文本不代表评论者对该实体的所有特征都持支持的态度，反之亦然，因此需要对文本中的各个特征进行情感倾向分类。特征级别的文本情感分类有两个核心任务：①识别评论中的各个特征；②判别评论中的每个特征的褒贬倾向。特征级别的文本情感分类中所使用的方法主要有基于情感知识的方法和基于机器学习的方法。

3. 句子级别的文本情感分类

句子级别的文本情感分类的研究对象主要是含有情感信息的主观性句子。句子级别的文本情感分类首先分析和提取主观性句子中的各个要素，包括主题（topic）、持有者（holder）、陈述（claim）等，然后根据这些信息判别主观性句子的情感倾向。针对句子级别的文本情感分类，有的学者直接将句子的情感倾向分为正向、负向和中性三类，也有的学者先对句子进行主客观分析，选择含有情感信息的句子，再将其分为正向和负向两类。

4. 篇章级别的文本情感分类

篇章级别的文本情感分类是目前研究最广的文本情感分类任务。篇章级别的文本情感分类将整个文本作为基本信息单元，然后对其进行情感倾向分类，对文本中每个表达评论意见的特征和句子并不做深入的分析[1]。篇章级别的文本情感分类与基于主题的文本分类有相似的地方，但又有所不同。对于基于主题的文本分类，表示文本主题的词语特别重要，如名词等。对于篇章级别的文本情感分类，表达文本情感的词语特别重要，如形容词、副词等。目前，对于篇章级别的文本情感分类的研究有了很多扩展，主要有跨领域文本情感分类和跨语言文本情感分类。

本书主要对篇章级别的文本情感分类进行研究。

2.1.3　基于情感知识的方法

基于情感知识的方法主要依靠已有的情感词典和语言知识，如 SentiWordNet、General Inquire、POS Tragger 等，以及应用一些启发式规则来对文本的情感倾向进行分类[4, 5]。基于情感知识的方法主要有两方面的工作，生成情感词和利用语言知识的规则进行情感分类。基于情感知识的方法中最重要的工作就是提取情感词，情感词提取得越准确，文本情感分类效果越好。对于情感词的获得主要有基于词典的方法和基于语料库的方法。

基于词典的方法可以分为两类：①首先人工标记一些情感词，然后利用词典中的词汇关系判定一个新词的情感倾向；②利用现有的情感词典，直接得到情感词的情感倾向。前者主要使用情感词典 WordNet 及 HowNet，后者使用的情感词典的种类比较多。国外目前较为开放且流行的情感词典有：①General Inquirer，该词典中含有 1913 个褒义词和 2293 个贬义词，并分析了每个词全面的信息，如褒贬倾向、词性、反义词等；②SentiWordNet，该词典是基于 WordNet 开发的情感词典，它对 WordNet 中每个词的褒贬倾向、情感强度等进行分析和标注。国内的情感词典有：①NTUSD 简体中文词典，该词典由台湾大学整理，含有 2810 个褒义词和 8276 个贬义词；②大连理工大学情感词汇本体库，该词典含有 11229 个褒义词和 10783 个贬义词，并对每个词的褒贬倾向、词性、情感强度进行分析和标注。

基于语料库的方法首先对少量语料中的词进行标记，然后利用语料库中单词之间的关系（如语言结构、共生关系）判断其他词的情感倾向。其中一个比较重要的方法是 Turney[8]提出的基于 PMI 的方法。PMI 是 Church 和 Hanks 在 1989 年提出的，它的定义如下：

$$\mathrm{PMI}(w_i, w_j) = \log_2\left(\frac{p(w_i \,\&\, w_j)}{p(w_i)p(w_j)}\right) \tag{2.1}$$

式中，w_i 和 w_j 为任意两个词；$p(w_i \,\&\, w_j)$ 为 w_i 和 w_j 两个词同时出现的概率。假如 w_i 和 w_j 是相互独立的两个词，那么两个词的相关性可以由 $p(w_i \,\&\, w_j)$ 和 $p(w_i)p(w_j)$ 的比率表示。为了更直观地表现两个词的相关性，一般将这个比率取对数。如果两个词同时出现的概率比较小，那么这个比率取对数后值小于 0，如果两个词同时出现的概率比较大，那么这个比率取对数后值大于 0。因此，一个词的情感倾向可以定义为

$$\mathrm{SO(phrase)} = \mathrm{PMI(phrase, excellent)} - \mathrm{PMI(phrase, poor)} \tag{2.2}$$

式中，phrase 为要处理的词；excellent 为情感倾向为褒义的词；poor 为情感倾向为贬义的词。

计算 PMI 的方法一般有两种：点间互信息潜语义分析（pointwise mutual information-latent semantic analysis，PMI-LSA）和点间互信息检索（pointwise mutual information-information retrieval，PMI-IR）[34]。后来，Turney 利用搜索引擎 AltaVista 的 NEAR 操作返回的结果来计算词的 PMI，进而计算新词的情感倾向：

$$\text{SO-PMI(phrase)} = \log_2\left(\frac{\prod_{\text{excellent}\in\text{Pwords}} \text{hits(phrase NEAR excellent)} \times \prod_{\text{poor}\in\text{Nwords}} \text{hits(poor)}}{\prod_{\text{excellent}\in\text{Sp}} \text{hits(excellent)} \times \prod_{\text{poor}\in\text{Sn}} \text{hits(word NEAR poor)}}\right) \tag{2.3}$$

式中，hits(phrase)为与搜索的词 phrase 匹配的文本数量；NEAR 为 AltaVista 中的一种操作，用于衡量两个词之间的相似度。

在获取情感词之后，构建一些规则，利用这些情感词进行文本情感分类。将文本中所包含的情感词提出之后，可以按照如下规则对文本的情感倾向进行判别：

（1）如果褒义倾向情感词数量大于贬义倾向情感词数量，那么文本的情感倾向为褒义；

（2）如果褒义倾向情感词数量等于贬义倾向情感词数量，那么文本的情感倾向为中性；

（3）如果褒义倾向情感词数量小于贬义倾向情感词数量，那么文本的情感倾向为贬义。

以上是比较简单的规则。此外，还有一些比较复杂的规则，需要首先对词性、否定词、程度副词、感叹句、疑问句等进行分析，然后设定一些规则并对文本的情感倾向值进行计算，最后比较文本的情感倾向值与阈值的大小，识别文本的情感倾向。

虽然基于情感知识的方法取得了一定的成果，但是这类方法以自然语言知识为基础，需要事先提取情感词并构建一些规则，很难得到进一步的发展。因此，越来越多的学者开始关注基于机器学习的方法。下面对基于机器学习的方法进行分析。

2.1.4　基于机器学习的方法

基于机器学习的方法主要将文本情感分类看作一个分类问题，主要包括两个步骤：①通过特征构建技术提取主观性文本的文本信息；②使用分类技术对这些文本信息中所包含的情感信息进行挖掘。

1. 特征构建

特征构建是基于机器学习的方法的第一步，即把训练集中的文本表示成特征向量。目前，向量空间模型（vector space model，VSM）是一种主要的文本特征向量表示的方法[4, 5, 30]。向量空间模型将文本内容的表示转化为空间向量的计算。假设集合 $\{t_1,t_2,\cdots,t_m\}$ 表示文本中出现 m 个特征，令 w_i 表示特征 t_i 的权重，则文本 d 可以形式化为 m 维空间的一个向量：$d=(w_1,w_2,\cdots,w_m)$。对向量空间模型的相关研究主要集中在文本特征表示方法和计算特征权重两个问题上。

对于文本特征表示方法，目前多采用 BOW 方法表示文本，即使用 N-gram 作为文本的特征。由于 BOW 方法忽略了语义单元间的联系，一些学者希望能够将词义及短语等复杂的特征应用到文本情感分类的文本表示中[1, 3]。例如，采用词性、否定词等方式表示文本特征。相关研究表明，与简单的 BOW 方法相比，使用词性、否定词等特征表示方法会导致计算更复杂，而且分类效果的提高不明显。

对于向量空间模型，特征权重的计算很重要。通过计算特征权重，可以估计该特征在向量空间中的重要性和区分度。特征在文本中的代表性有差异，因此需要赋值给这些特征。特征权重计算方式的不同会导致特征权重的不同。文本情感分类中常用的特征权重主要有布尔权重、词频（term frequency，TF）权重和词频-逆文档频（term frequency and inverse document frequency，TF-IDF）权重等[1, 3, 32]。

1）布尔权重

布尔权重是一种简单的特征权重计算方法。判断特征 t 是否在文本 d 中出现，如果出现次数大于 0，特征权重取 1；反之，特征权重取 0。

2）TF 权重

布尔权重利用 0-1 值表示特征 t 的权重，但是无法很好地区别特征之间的重要程度。TF 权重以特征 t 在文本 d 中出现的频数作为特征权重，认为特征 t 出现的频数越高，那么该特征就越重要。

3）TF-IDF 权重

TF-IDF 权重是文本情感分类中常用的特征权重计算方法。TF-IDF 权重将用于计算该特征描述文本的能力的词频 $\mathrm{tf}(t,d)$ 和用于计算该特征区分文本的能力的逆文档频 $\mathrm{idf}(t,d)$ 的乘积作为特征权重，即

$$w(t,d)=\mathrm{tf}(t,d)\times\mathrm{idf}(t,d) \tag{2.4}$$

其常用公式如下：

$$w(t,d)=\frac{\mathrm{tf}(t,d)\log(N/n_t+0.01)}{\sqrt{\sum_{t\in d}[\mathrm{tf}(t,d)\log(N/n_t+0.01)]^2}} \tag{2.5}$$

式中，$\mathrm{tf}(t,d)$ 为特征 t 在文本 d 中出现的词频；$\mathrm{idf}(t,d)$ 为特征 t 对于文本 d 的逆文档频；N 为训练集中文本 d 的数量；n_t 为训练集中含有特征 t 的文本数量。为了更好地比较特征，通常进行归一化，同时对 N/n_t 加 0.01。

特征选择（feature selection）是指从全部特征中选择能够更好地提高分类器性能的特征子集。特征选择对于文本情感分类的特征构建也很重要，原因有以下两个方面：一方面，特征对分类的贡献有差异，甚至有些特征会成为噪声使得分类

效果变差；另一方面，文本情感分类一般使用 BOW 方法表示特征。由于文本中词语的数量很多，特征的数量庞大，导致特征的维数太高，分类性能下降。文本情感分类中常用的特征选择方法有文档频率（document frequency，DF）、信息增益（information gain，IG）、互信息（mutual information，MI）和卡方统计（chi-squared statistic，CHI）等[2, 4]。

（1）文档频率。

文档频率是指在训练样本中出现特征 t 的文本数量[2]。该方法认为文档频率低的特征可能是噪声，通过设置阈值将其去除对分类结果的影响不大甚至没有影响。文档频率比较简单，适合处理数据量比较大的数据集。

（2）信息增益。

信息增益用于衡量特征给分类信息带来的信息量，信息量越大，那么特征越重要[2, 4]。它定义文本中前后出现的信息熵之差为特征。由于信息熵反映了信息的不确定度，最优特征是使期望信息熵降低最快的特征，即

$$\mathrm{IG}(t)=-\sum_{i=1}^{n}P(c_i)\log P(c_i)+P(t)\sum_{i=1}^{n}P(c_i\mid t)\log\frac{P(c_i\mid t)}{P(c_i)}+P(\overline{t})\sum_{i=1}^{n}P(c_i\mid \overline{t})\log\frac{P(c_i\mid \overline{t})}{P(c_i)} \tag{2.6}$$

式中，n 为训练集中类别的数量；$P(c_i\mid t)$ 为在训练集中包含特征 t 且类别为 c_i 的文本出现的概率；$P(t)$ 为在训练集中含有特征 t 的文本出现的概率；$P(c_i)$ 为在训练集中类别为 c_i 的文本出现的概率；$P(\overline{t})$ 为在训练集中不包含特征 t 的文本出现的概率；$P(c_i\mid \overline{t})$ 为在训练集中不包含特征 t 但类别为 c_i 的文本出现的概率。

（3）互信息。

除了信息增益，还有学者利用互信息进行特征选择。互信息主要用于统计特征与类别之间的独立关系[1, 2]。互信息认为特征的互信息值越大，那么特征的重要程度就越高。特征 t 和类别 c_i 的互信息定义如下：

$$\mathrm{MI}(t,c_i)=\log\frac{P(t,c_i)}{P(t)P(c_i)}=\log\frac{P(t\mid c_i)}{P(t)} \tag{2.7}$$

式中，$P(t\mid c_i)$ 为在训练集中含有特征 t 的文本属于类别 c_i 的概率；$P(t)$ 为在训练集中含有特征 t 的文本出现的概率。

特征 t 的互信息为

$$\mathrm{MI}(t)=\sum_{i=1}^{n}P(c_i)\log\frac{P(t\mid c_i)}{P(t)} \tag{2.8}$$

（4）卡方统计。

卡方统计用于衡量特征与类别之间的相关度[2, 30]。特征与类别之间的卡方统计值越大，特征就越重要。因此，对于特征 t 与类别 c_i 之间的卡方统计值为

$$\chi^2(t,c_i)=\frac{N(AD-BC)^2}{(A+C)(B+D)(A+B)(C+D)} \tag{2.9}$$

式中，A 为训练集中包含特征 t 的文本属于类别 c_i 的数量；B 为训练集中不包含特征 t 的文本属于类别 c_i 的数量；C 为训练集中包含特征 t 的文本不属于类别 c_i 的数量；D 为训练集中不包含特征 t 的文本不属于类别 c_i 的数量；N 为训练集中文本的数量，其值等于 $A+B+C+D$。

特征 t 对于整个训练集的卡方统计值为

$$\chi^2(t)=\sum_{i=1}^{n}P(c_i)\chi^2(t,c_i) \tag{2.10}$$

2. 分类

在完成特征构建之后，使用分类方法对文本的情感倾向进行分类[4, 5]。常用的文本情感分类方法有 NB、SVM 和 ME 等[1, 2, 5]，下面对这些方法进行简要分析。

1）NB

NB 以贝叶斯定理为基础，假设文本中一个特征值在给定类上的影响独立于其他特征值[1, 4]。NB 是一种利用条件概率和先验概率得到后验概率的分类算法[1, 3]。

假设 d 为文本情感分类中任意一个文本，它属于类别 $C=\{c_1,c_2,\cdots,c_{|C|}\}$ 中的某一类 c_i 的概率为

$$P(c_i\mid d)=\frac{P(c_i)P(d\mid c_i)}{P(d)} \tag{2.11}$$

取得 $P(c_i\mid d)$ 的最大值即可得到文本 d 的类别 C^*：

$$C^*=\underset{c_i\in C}{\operatorname{argmax}}\,P(c_i\mid d)=\underset{c_i\in C}{\operatorname{argmax}}\frac{P(c_i)P(d\mid c_i)}{P(d)}=\underset{c_i\in C}{\operatorname{argmax}}\,P(c_i)P(d\mid c_i) \tag{2.12}$$

由式（2.12）可知，NB 的关键在于计算 $P(c_i)$ 和 $P(d\mid c_i)$。根据 $P(d\mid c_i)$ 计算方法，NB 可以分为最大似然模型（maximum likelihood model，MLM）、多变量伯努利模型（multi-variate Bernoulli model，MBM）、泊松模型（Poisson model，PM）和多项式模型（multinomial mode，MM）等。

2）SVM

SVM 是 20 世纪 90 年代以后逐步发展起来的一种基于结构风险最小化理论的

机器学习方法[3, 4]。SVM 具有坚实的理论基础，得到了广泛的应用。SVM 的工作原理是通过训练分类间隔，选择具有最大分类间隔且尽可能分类正确的最优超平面[1, 35]。在数据线性可分的情况下，SVM 的原理如图 2.1 所示。

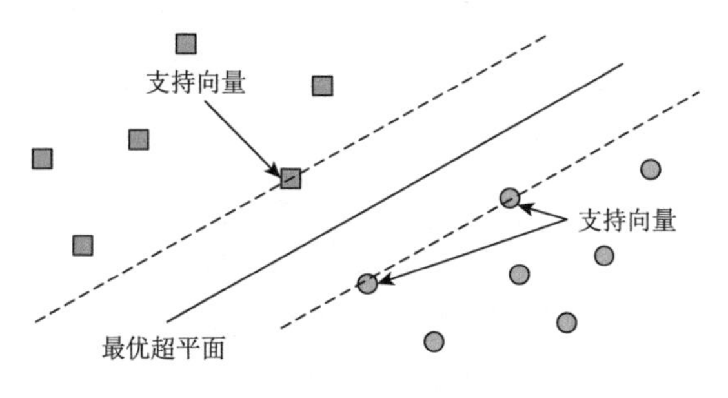

图 2.1　线性可分的 SVM

首先定义训练集 (x_i, y_i)，$i=1,2,\cdots,n$，$x \in \mathbb{R}_d$，$y \in \{1,-1\}$，x_i 为样本，y_i 为类别标记。SVM 把求解最大间隔问题转化为求解二次线性规划问题：

$$\begin{cases} \min \ \dfrac{1}{2}\omega^2 \\ \text{S.T.} \ \ y_i(\omega \cdot x_i + b) \geqslant 1, \ i=1,2,\cdots,n \end{cases} \tag{2.13}$$

根据最优化理论，可得到 SVM 的最优分类函数：

$$f(x) = \operatorname{sgn}\left(\sum_{i=1}^{n} a_i^* y_i x_i \cdot x + b^* \right) \tag{2.14}$$

当数据非线性可分时，SVM 使用一种非线性映射，把原有的训练数据映射到高维上，然后按照前面的方法寻找最优超平面。在 SVM 中，非线性映射一般采用核函数的方法，即将点积 $\phi(x_i) \cdot \phi(x_j)$ 用核函数 $K(x_i, x_j)$ 替代，则 SVM 的最优分类函数为

$$f(x) = \operatorname{sgn}\left(\sum_{i=1}^{n} a_i^* y_i K(x_i, x_j) + b^* \right) \tag{2.15}$$

对于 SVM，核函数的选择很重要。核函数类型以及参数选择不同，实际上得到的核函数是不同的。目前，常用的核函数类型有多项式核函数、高斯核函数、线性核函数。

3）ME

ME 来源于 Jaynes 的工作，是一种数学思想比较成熟的方法。它的主要思想是当只掌握未知分布的部分知识时，应该选取熵最大的模型，即分布最均匀的模

型[1, 3]。ME 首先使用一些特征来表示训练集中与分类相关的样本，多数情况下这些特征表示为二值函数；然后以已知的样本分布作为约束条件，求得使熵最大化的概率分布作为输出的概率分布[1]。

ME 模型一般用于评估后验概率 $P(c|d)$，本质上是一种判别式模型。假设样本集为 D，类别为 C，则每个样本为 (d_i,c_j)。每个样本的概率可以通过在训练集上的最大似然估计得到，其值为

$$\overline{P}(d_i,c_j)=\frac{\text{num}(d_i,c_j)}{\sum\text{num}(d_i,c_j)} \tag{2.16}$$

式中，$\text{num}(d_i,c_j)$ 为训练集中样本 (d_i,c_j) 的统计数量。为了获得训练集的统计信息，需要事先构建统计模型，因此在 ME 模型中引入特征函数 $f(d,c)$。特征函数 $f(d,c)$ 本质上是一个二值函数，表示为 $f(d,c)\to(0,1)$，它相对于经验分布的期望值为

$$E_{\overline{P}}f_i=\sum_{d,c}\overline{P}(d,c)f(d,c) \tag{2.17}$$

式中，每个特征的经验分布期望值可以从训练集中计算得到，然后将其视为模型中的已知知识。除此之外，可以由 ME 模型估计得到概率 $P(c|d)$，因此特征函数相比于模型分布的期望值为

$$E_P f_i=\sum_{d,c}\overline{P}(d)P(c|d)f(d,c) \tag{2.18}$$

由式（2.18）可知，可以在特征函数与模型分布之间建立一个约束条件，使得训练集中用于分类测试的样本和已经分类完成的训练样本之间的特征函数的期望值一致。根据 ME 的原理，选择分布最均匀的模型。为了衡量条件概率分布是否均匀，引入条件熵：

$$H(P)=-\sum_{d,c}\overline{P}(d)P(c|d)\log P(c|d) \tag{2.19}$$

ME 在建模时不用考虑如何使用这些特征，特征的选择比较灵活，而且在不同领域的可移植性很强，但是需要大量的时间空间资源，数据稀疏问题也比较严重。

2.2　机器学习理论研究

2.2.1　机器学习概述

机器学习来源于早期的人工智能领域，是一种实现人工智能的方法。一般认

为，人工智能学科起源于 1956 年在达特茅斯学院召开的夏季研讨会（称为达特茅斯会议），参与者包括麦卡锡、明斯基、塞弗里奇、香农、纽厄尔和西蒙等人工智能先驱。在达特茅斯会议召开之前，图灵 1950 年在英国哲学杂志《心》（*Mind*）上发表题为“计算机与智能”的文章，并在文中提出“模仿游戏”，被后人称为图灵测试。在达特茅斯会议召开之后，人工智能迎来了黄金发展期，该阶段的人工智能以自然语言、自动定理证明等研究为主，用来解决代数、几何和语言等问题，并出现了问答系统和搜索推理等标志性研究成果。20 世纪 70 年代中期，由于计算机性能不足、数据量严重缺失，很多人工智能研究成果无法解决大量复杂的问题，人工智能的项目经费也被大幅缩减，遭遇了第一次寒冬。20 世纪 80 年代初期，专家系统逐渐成为人工智能研究的热点，它使用逻辑规则来进行问答或解决特定领域知识的问题。专家系统最成功的案例是数字设备公司（Digital Equipment Corporation，DEC）在 1980 年推出的 XCON，在其投入使用的六年里一共处理了 8 万个订单。由于专家系统的出现，人工智能终于有了成熟的商业应用。1987～1993 年，第五代计算机研发失败，超过 3000 家人工智能企业由于运算成本高昂而倒闭，其中以 XCON 为代表的专家系统因无法自我学习并更新知识库和算法，维护成本越来越高。许多企业开始放弃使用专家系统，人工智能遭遇了第二次寒冬。

20 世纪 90 年代中期，随着计算机算力的不断提升，以及机器学习尤其是神经网络的逐步发展，人工智能进入了平稳发展阶段。1997 年 5 月 11 日，国际商用机器（International Business Machines，IBM）公司的“深蓝”系统战胜了国际象棋世界冠军卡斯帕罗夫，成为人工智能发展的一个重要里程碑。2006 年，Hinton 在深度学习领域取得突破，人工智能迎来了爆发期。2011 年，IBM 公司的人工智能程序 Watson 在一档智力问答节目中战胜了两位人类冠军，人工智能进入蓬勃发展期。2013 年，深度学习算法在语音和视觉识别上实现重大突破，识别率超过 99%和 95%。2016 年，Google Deepmind 团队的 AlphaGo 战胜围棋世界冠军，它的第四代版本 AlphaGoZero 更是远超人类高手。

1. 机器学习定义

机器学习是人工智能领域的重要分支，也是实现人工智能的一种手段。机器学习的主要特点是：①机器学习是一门涉及多个领域的交叉学科，包括概率论、统计学、逼近论、凸分析、算法复杂度等多门学科；②机器学习能够使计算机系统利用经验改善性能；③机器学习以数据为基础、以模型为中心，通过数据来构建模型并应用模型对数据进行预测和分析。

莱斯利 • 瓦利安特（Leslie Valiant）认为，用于执行某项任务的程序如果能够不通过显式编程（explicit programming）获得，那么这个过程就是学习。例如，一家银行每天能够收到数千个信用卡的申请，它想通过一个自动评估程序而不是显式的公式或规则来评估这些申请，这个自动评估程序就需要从数据中学习得到。机器学习致力于研究如何通过计算方法，利用经验来改善系统自身的性能，从而在计算机上从历史数据中产生模型，并对新数据做出准确预测。汤姆 • 米切尔（Tom Mitchell）对机器学习给出以下定义：假设用 P 来评估计算机程序在任务 T 上的性能，若一个程序利用经验 E 在任务 T 上获得了性能改善，则关于 T 和 P，该程序对 E 进行了学习。

机器学习的基本框架可用图 2.2 描述（以监督学习为例）。对于输入空间 $\mathcal{X}$（如用于信用卡申请评估的所有用户信息），假定存在机器学习任务 $t:\mathcal{X}\to\mathcal{Y}$（能够准确判断是否应该通过信用卡申请的理想函数），其中，$\mathcal{Y}$ 是输出空间（通过或不通过信用卡申请）。给定不同样本组成的数据集 D，每个样本 (x_i,y_i) 由特征向量 x_i 和对应的真实标签 y_i 组成。通过策略和算法从数据集 D 中学习模型 $h:\mathcal{X}\to\mathcal{Y}$ 来逼近任务 t，并利用学到的模型 h 对新的特征 x_{new} 进行预测，得到预测标签 $\hat{y}$。

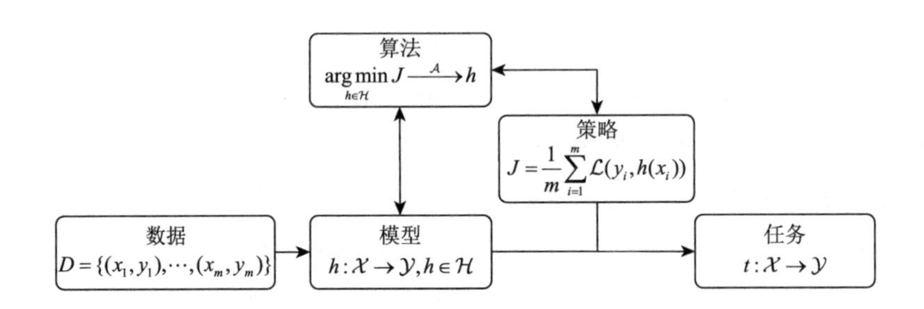

图 2.2　机器学习的基本框架

大部分机器学习由任务、数据、模型、策略和算法五个要素组成。

（1）任务。任务是机器学习需要解决的问题。常见的机器学习任务有分类、回归、聚类等，如分类任务 $t:\mathcal{X}\to\mathcal{Y}$，其中，$\mathcal{Y}$ 是离散的输出空间。

（2）数据。数据是由不同示例（instance）或样本（sample）组成的集合。一般地，令 $D=\{(x_1,y_1),(x_2,y_2),\cdots,(x_m,y_m)\}$ 表示包含 m 个样本的数据集，每个样本

的输入变量 $x_i \in \mathbb{R}^n$ 由 n 个属性描述，也称为特征（feature），这样的 n 维特征组成的空间称为输入空间；每个样本的输出变量 y_i 代表样本的真实标签，可以是离散值或连续值。

（3）模型。模型是从数据集 D 中学习到的某种潜在规律，也称为假设（hypothesis）。模型可以表示为从输入空间映射到输出空间的函数，即 $h:\mathcal{X} \to \mathcal{Y}$，所有可能的函数 h 组成的集合为假设空间 $\mathcal{H}$，即 $h \in \mathcal{H}$。

（4）策略。策略是从假设空间选取最优模型的准则，它能够度量模型预测标签 $\hat{y}_i = h_\theta(x_i)$ 和真实标签 y_i 之间的差异或损失。损失函数是 $\hat{y}_i$ 和 y_i 的非负值函数，记作 $\mathcal{L}(y_i, \hat{y}_i)$，常见的损失函数包括 0-1 损失 $\mathcal{L}(y_i, \hat{y}_i) = \mathbb{I}(y_i \neq \hat{y}_i)$ 和平方损失 $\mathcal{L}(y_i, \hat{y}_i) = (y_i - \hat{y}_i)^2$ 等。在假设空间、损失函数和数据集确定的情况下，机器学习的策略可表示为

$$J = \frac{1}{m}\sum_{i=1}^{m}\mathcal{L}(y_i, h(x_i)) \tag{2.20}$$

（5）算法。算法 $\mathcal{A}$ 是从假设空间里选取最优模型的计算方法。机器学习的算法涉及求解最优化问题，若最优化问题没有显式的解析解，则利用数值计算的方法进行求解，常用方法包括梯度下降法和随机梯度下降法等。

2. 机器学习分类

根据数据集中包含标签的情况，机器学习大致可以分为监督学习、无监督学习和半监督学习。

1）监督学习

监督学习又称为有教师学习，“教师”是指数据集中的每个样本都能提供对应的真实标签，监督学习就是在真实标签的指导下进行学习。根据标签属性，监督学习可以分为分类和回归两类问题，前者的标签为离散值，后者的标签为连续值。分类问题的目标是学习一个从输入映射到输出的分类模型。现实世界中常见的分类问题有根据医学图像进行诊断、根据文档内容进行分类等。与分类问题不同，回归问题的标签是连续值。现实世界中有许多回归问题，如根据当前股市情况预测明天的股价、根据产品信息预测其销量等。

2）无监督学习

在无监督学习中，数据集中只有输入数据而没有标签。无监督学习的目标是通过对这些无标签样本的学习来揭示数据的内在特性及规律。因此，无监督学习

是没有经验知识的学习，有时也称为知识发现。聚类分析是无监督学习的代表，它能够根据数据的特点将数据划分成多个没有交集的子集，每个子集称为簇，簇可能对应一些潜在的概念，但需要人为总结和定义。例如，精准营销前需要对用户进行细分，这就可以通过聚类分析实现。

3）半监督学习

在许多现实问题中，对样本进行标签处理的成本很高，因而只能获得少量带有标签的样本。在这种情况下，半监督学习可以让模型不依赖人工干预、自动地利用无标记样本来提升学习性能，从而充分利用有标签和无标签的样本。例如，在生物学领域，对某种蛋白质的结构或功能进行标记需要生物学家付出极大的努力，大量的无标记样本却很容易得到，半监督学习就提供了一条利用这些无标记样本的途径。

3. 模型评估

1）训练误差与测试误差

机器学习中的数据集 D 可以进一步分为训练集 S 和测试集 T，训练集和测试集是从原始数据集中独立同分布采样得到的两个互斥集合。模型能够通过在已知标签的训练集上进行训练得到，并能够在未知标签的测试集上进行预测，因此模型在这两类数据集上产生了两类误差：训练误差与测试误差。

假设训练集 S 中有 m_S 个样本，训练误差就是模型 h 在训练集上的平均损失：

$$e_{\text{train}} = \frac{1}{m_S}\sum_{i=1}^{m_S}\mathcal{L}(y_i, h(x_i)),\ (x_i, y_i) \in S \tag{2.21}$$

假设测试集 T 中有 m_T 个样本，测试误差就是模型 h 在测试集上的平均损失：

$$e_{\text{test}} = \frac{1}{m_T}\sum_{i=1}^{m_T}\mathcal{L}(y_i, h(x_i)),\ (x_i, y_i) \in T \tag{2.22}$$

2）模型评估方法

为了通过实验来对模型的泛化能力进行评估并选择泛化能力强的模型，需要使用测试集来评估模型的泛化能力，并且将测试误差作为其泛化误差的近似。根据从原始数据集 D 划分训练集 S 和测试集 T 的方式，模型评估方法主要有留出法、K 折交叉验证法和自助法等。

留出法直接将原始数据集 D 划分为两个互斥的训练集 S 和测试集 T，在训练集上学习到不同的模型后，在测试集上评估各个模型的测试误差并选择测试误差最小的模型。在划分训练集和测试集时要尽可能保持数据分布的一致性，从而避免因数据划分过程引入额外的偏差而对最终的模型评估结果产生影响。例如，在分类问题中，若数据集中包含1000个正例和1000个反例，可以根据类别对数据集进行随机分层采样，得到包含70%样本（700个正例和700个反例）的训练集和包含30%样本（300个正例和300个反例）的测试集。

K 折交叉验证法是机器学习中应用最多的模型评估方法，它首先将原始数据集随机地划分为 K 个大小相同的互斥子集，然后每次使用 $K-1$ 个子集作为训练集训练模型，使用余下的1个子集作为测试集评估模型，最后可以获得 K 次划分的训练集和测试集，并取 K 次评估结果的平均值作为最终的模型评估结果。图2.3给出了五折交叉验证的示意图。

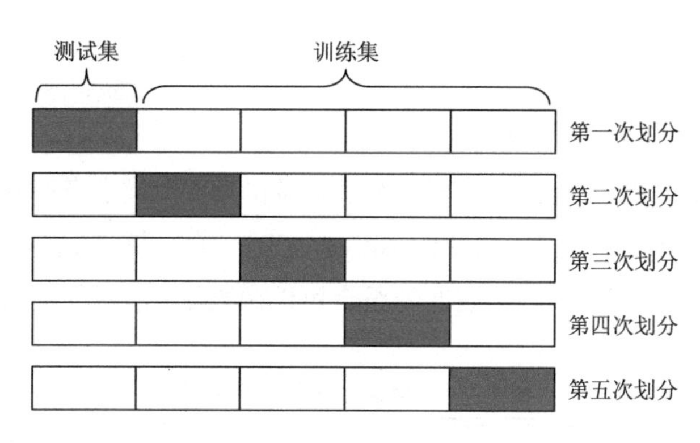

图2.3　五折交叉验证示意图

假定数据集 D 中包含 m 个样本，若在 K 折交叉验证中有 $K=m$，则得到其特殊情形，称为留一交叉验证。留一交叉验证不受随机样本划分方式的影响，往往在数据缺乏的情况下使用。

自助法以自助采样为基础，每次随机地从数据集 D 中选取1个样本，然后将其有放回地放入 D' 中，该过程重复执行 m 次后可以得到一个包含 m 个样本的数据集 D'。D 和 D' 有一部分样本重合，假设 m 足够大，样本在 m 次采样过程中始终不被选到的概率为

$$\lim_{m\to\infty}\left(1-\frac{1}{m}\right)^m \to \frac{1}{\mathrm{e}} \approx 0.368 \tag{2.23}$$

可以看到，D' 中包含的样本大概占 D 的63.2%。

3）性能度量

性能度量就是对模型的泛化能力进行评估。在对比不同模型时，使用不同的性能度量往往会导致不同的评判结果。下面主要介绍分类问题的性能度量。

（1）错误率与精度。

错误率与精度是分类问题中最常用的两种性能度量。错误率是模型错误分类的样本数量占总样本数量的比例，精度是正确分类的样本数量占总样本数量的比例。假设测试集中有 m_T 个样本，y_i 为样本真实标签，$\hat{y}_i$ 为模型预测标签，分类错误率表示为

$$\text{err} = \frac{1}{m_T}\sum_{i=1}^{m_T}\mathbb{I}(y_i \neq \hat{y}_i) \tag{2.24}$$

分类精度表示为

$$\text{acc} = \frac{1}{m_T}\sum_{i=1}^{m_T}\mathbb{I}(y_i = \hat{y}_i) = 1 - \text{err} \tag{2.25}$$

（2）精确率、召回率与 F_1 分数。

对于二分类问题，模型对样本的预测类别和其真实类别有四种组合：真正例（true positive，TP）、假正例（false positive，FP）、真反例（true negative，TN）、假反例（false negative，FN）。这四种组合可以由表 2.1 所示的混淆矩阵表示。

表 2.1　二分类结果的混淆矩阵

真实类别	预测类别	
	正例	反例
正例	TP	FN
反例	FP	TN

精确率定义为

$$\text{precision} = \frac{\text{TP}}{\text{TP} + \text{FP}} \tag{2.26}$$

召回率定义为

$$\text{recall} = \frac{\text{TP}}{\text{TP} + \text{FN}} \tag{2.27}$$

F_1 分数是精确率和召回率的调和均值，定义为

$$F_1\text{-score} = \frac{2 \times \text{precision} \times \text{recall}}{\text{precision} + \text{recall}} = \frac{2\text{TP}}{2\text{TP} + \text{FP} + \text{FN}} \tag{2.28}$$

若模型的精确率和召回率都高，则其 F_1 分数也会高。

（3）ROC 曲线与 AUC。

ROC 曲线即受试者工作特征曲线（receiver operating characteristic curve）。ROC 曲线的纵坐标为真正例率（true positive ratio，TPR），横坐标为假正例率（false positive ratio，FPR），两者分别定义为

$$\mathrm{TPR}=\frac{\mathrm{TP}}{\mathrm{TP}+\mathrm{FN}} \tag{2.29}$$

$$\mathrm{FPR}=\frac{\mathrm{FP}}{\mathrm{TN}+\mathrm{FP}} \tag{2.30}$$

如图 2.4 所示，ROC 曲线显示了模型的 TPR 和 FPR 之间的权衡。

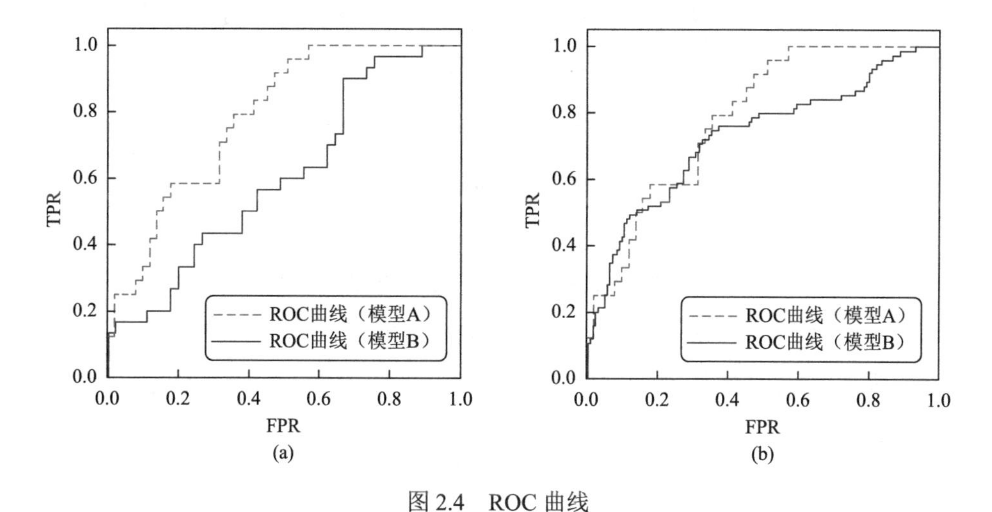

图 2.4 ROC 曲线

如图 2.4（a）所示，模型 B 的 ROC 曲线被模型 A 的 ROC 曲线完全包住，则后者的性能优于前者；如图 2.4（b）所示，模型 B 和模型 A 的 ROC 曲线有交叉，则很难判断两者的优劣程度。此时，可以比较 ROC 曲线下面积（area under ROC curve，AUC）来进行判断。直观上来看，AUC 由对 ROC 曲线下各部分的面积求和得到。

4. 计算学习理论

概率近似正确（probably approximately correct，PAC）是机器学习理论中最基本的概念，它能够帮助我们定义什么样的概念能够被有效地学习出来，且在学习过程中需要怎样的样本和时间复杂度。给定数据集 D 中的 m 个样本是从分布 $\mathcal{D}$ 独立同分布采样而得的，机器学习的目标是使得模型 h 尽可能接近目标概念 c，其

中，c 属于概念类 $\mathcal{C}$。然而，机器学习过程中经常受到许多因素制约，无法精确地学到目标概念 c。因此，我们希望以比较大的概率学到比较好的模型来接近目标概念 c，且模型的误差应满足预设上限，这就是 PAC 的含义。泛化误差（generalization error）和经验误差（empirical error）是衡量模型 h 与目标概念 c 接近程度的两个标准。以二分类问题为例，模型 h 的泛化误差为

$$\mathcal{R}(h)=\mathbb{E}_{x\sim\mathcal{D}}[\mathbb{I}(h(x)\neq c(x))] \tag{2.31}$$

h 在数据集 D 上的经验误差为

$$\hat{\mathcal{R}}(h)=\frac{1}{m}\sum_{i=1}^{m}\mathbb{I}(h(x)\neq c(x)) \tag{2.32}$$

因此，经验误差是 h 在数据集 D 上的平均错误，泛化误差是 h 在分布 $\mathcal{D}$ 下的期望错误。二者有如下关系：

$$\begin{aligned}\mathbb{E}[\hat{\mathcal{R}}(h)]&=\frac{1}{m}\sum_{i=1}^{m}\mathbb{E}_{x\sim\mathcal{D}}[\mathbb{I}(h(x)\neq c(x))]\\&=\mathbb{E}_{x\sim\mathcal{D}}[\mathbb{I}(h(x)\neq c(x))]\\&=\mathcal{R}(h)\end{aligned} \tag{2.33}$$

在此基础上，PAC 学习（PAC-learning）有如下定义：若存在学习算法 $\mathcal{A}$ 和多项式函数 $\mathrm{poly}(\cdot,\cdot,\cdot,\cdot)$，使得对于任意 $\varepsilon>0$ 和 $0<\delta<1$，并对于所有输入空间 $\mathcal{X}$ 的分布 $\mathcal{D}$ 和所有目标概念 $c\in\mathcal{C}$，以下不等式对于任何样本量 $\mathrm{poly}(1/\varepsilon,1/\delta,n,\mathrm{size}(c))$ 成立：

$$P[\mathcal{R}(h)\leqslant\varepsilon]\geqslant 1-\delta \tag{2.34}$$

如果算法 $\mathcal{A}$ 的运行时间也是 $\mathrm{poly}(1/\varepsilon,1/\delta,n,\mathrm{size}(c))$，则称概念类 $\mathcal{C}$ 是高效 PAC 可学（effectively PAC-learnable），称算法 $\mathcal{A}$ 为概念类 $\mathcal{C}$ 的 PAC 学习算法。

PAC 学习给出了一个抽象刻画机器学习能力的框架：首先，该框架仅假设分布 $\mathcal{D}$ 存在；其次，用于定义误差的训练集和测试集中的样本都从同一分布下采样而得；最后，该框架针对概念类 $\mathcal{C}$ 而非目标概念 c 的可学习问题。

2.2.2　非均衡数据学习

随着互联网中数据的爆炸式增长，以及机器学习方法的不断成熟和应用领域的不断深入，越来越多的数据呈现出非均衡分布的特点，如何对非均衡数据进行学习成为数据挖掘和人工智能领域的研究热点[36]。国际先进人工智能协会

（Association for the Advancement of Artificial Intelligence，AAAI）、国际机器学习大会（International Conference on Machine Learning，ICML）和知识发现与数据挖掘研究组（Special Interest Groups on Knowledge Discovery and Data Mining，SIGKDD）等重要会议[37-39]都曾对非均衡数据学习问题开设了专题讨论。

1. 非均衡数据学习概述

若数据集中某一类别的样本数量小于其他类别的样本数量，并且具有少数样本的类别比其他类别更重要，即错分少数类样本的代价更高，这种数据分布情况下的分类称为非均衡数据分类。在非均衡数据分类问题中，通常将样本数量较多的类别定义为多数类，将样本数量较少的类别定义为少数类。在现实生活中，需要对非均衡数据进行分类的场景也较多。例如，在医学诊断中，罕见病患者数量只占总患者数量的很小一部分，这时不仅两类人群在数量上的比例失衡，不同类别的错分代价也大不相同，将罕见病患者误诊为其他病患者的错分代价更高。当前非均衡数据分类问题已成为数据挖掘中的难题之一，根据 Weiss[40]的观点，数据分布非均衡情况下分类困难的主要原因如下。

（1）归纳偏置不恰当。传统分类方法的目的是寻求一个合适的偏置对数据进行归纳，使分类器能将不同类别的样本尽可能地分对，最大化总体分类精度。在非均衡数据分类中，少数类的数量过少，分类器往往会把少数类误认为噪声样本，导致分类器容易将少数类识别成多数类，降低了少数类的分类精度。

（2）评价指标不合适。评价指标用于评价分类方法的整体性能。对于非均衡数据，传统的评价指标会得到较为理想的整体准确率，但这种评价指标缺乏合理性，其原因在于少数类对整体准确率的影响很小，即使不使用分类算法，将全部少数类识别为多数类，仍然能获得相对较高的整体准确率。因此，对于非均衡数据，选择合适的评价指标尤为重要。

（3）高维特征。在生物信息学和文本分类等很多领域除了存在数据分布非均衡问题，还往往伴随着高维特征问题，数据分布更加稀疏，导致少数类更加难以识别。此外，高维特征中含有大量的冗余特征，极大地增加了非均衡数据分类的难度。

（4）噪声数据。均衡的数据中也存在噪声数据，但噪声数据对各个类别的影响大致相同。在非均衡数据中，由于少数类数据包含的信息较少，噪声数据对少数类的影响要远大于对多数类的影响。如果在决策域内存在噪声样本，更会严重影响少数类的分类效果，造成少数类的分类精度下降。

2. 数据层面的非均衡数据学习方法

从数据层面解决非均衡数据分类问题的主要目的是对数据进行采样处理，使得少数类和多数类的样本数量大致相等。这种方法是处理非均衡数据分类问题的重要途径，主要分为过取样（over random sampling）和欠取样（under random sampling）两种。

1）过取样

过取样是指通过某种方式增加少数类的数量来降低数据集的非均衡程度，以期提高少数类的分类精度，这个过程不对多数类进行任何处理。根据样本生成策略，过取样可分为随机过取样和启发式过取样两种。随机过取样方法通过随机选取少数类进行复制，使得不同类别的样本数量趋于平衡，这种方法实现简单，但由于简单地复制少数类容易造成分类器的过拟合，尤其是在非均衡比例较大、少数类绝对稀少的情况下，分类效果提升不明显。启发式过取样方法通过度量样本之间的关系，采用更加合理的方式合成少数类。最常见的启发式过取样方法是 Chawla 等[41]提出的人工少数类过采样法（synthetic minority over-sampling technique，SMOTE）。该方法首先为每个少数类选取若干近邻，在样本与其近邻的连线上随机取点，生成无重复的少数类，图 2.5 展示了近邻数为 6 时 SMOTE 生成少数类的过程。现有的大部分研究表明 SMOTE 的分类性能要高于随机过取样方法。然而，由于 SMOTE 没有考虑少数类的分布位置，其样本的选择存在盲目性，容易插入很多噪声样本和冗余样本，这在一定程度上不利于分类器的训练。学者基于 SMOTE 提出了许多改进方法，其中最主要的就是 Han 等[42]和 He 等[43]提出的方法。

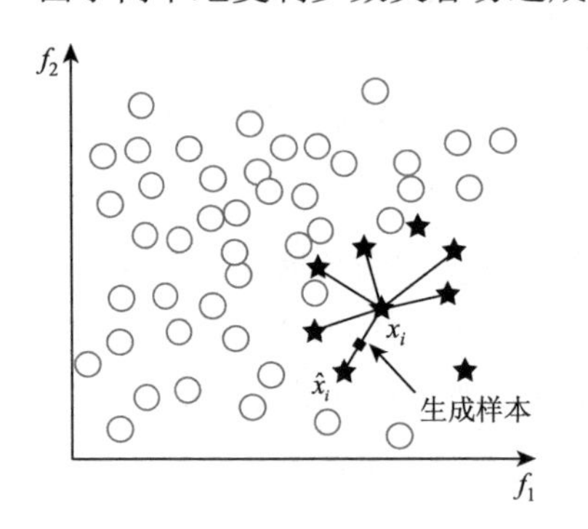

图 2.5　SMOTE（近邻数为 6）

2）欠取样

与过取样相反，欠取样通过某种方式删除样本中多数类的数量，从而使得各个类别的样本数量趋于平衡。同样地，按照删减样本的策略，欠取样可分为随机欠取样和启发式欠取样。随机欠取样方法最简单，通过随机准则来选取并直接删除一部分多数类，以达到和少数类数量平衡的目的。然而样本的随机选取具有很大的盲目性，势必会造成一些潜在有用样本的信息缺失，无法训练出泛化能力较高的分类器。启发式欠取样方法选择性地删除对分类作用不大的多数类，以期得到更合理的数据分布。目前主要的启发式欠取样方法有编辑最近邻（edited nearest neighbor，ENN）方法、邻域清除规则（neighborhood cleaning rule，NCR）方法和托梅克联系对（Tomek links）方法[44-46]。其中，ENN 方法的基本思想是寻找多数类中某个样本的 3 个最近邻，若该样本的类别与 3 个最近邻中超过一半样本的类别不一致，则删除该样本。ENN 方法删除的样本数量是非常有限的。NCR 方法对 ENN 方法进行了改进，可以删除更多的多数类，其基本过程是找出训练集中所有样本的 3 个最近邻，如果多数类的 3 个最近邻中超过一半的样本是少数类，则删除该多数类；如果少数类的 3 个最近邻中超过一半是多数类，则删除最近邻中的多数类。NCR 方法利用了所有样本的信息，可以删除更多冗余的多数类。Tomek links 方法是找出训练集中的所有样本对，该样本对中的样本类别互不相同，并且不存在另外一个样本，使得该样本到样本对中任意一个样本的距离更近。该样本对的意义在于其中的样本要么存在噪声样本，要么都处于两类边界上。利用这个性质可将多数类中的重叠样本或噪声样本删除。

综上所述，数据层面的解决非均衡数据分类的方法已有很多，其核心思想就是采用过取样和欠取样两种方式对数据集进行预处理操作，从而获得不同类别样本数量相对均衡的数据集。数据层面的非均衡数据分类方法实现过程相对简单，研究成果也较多，可以有效提高少数类的分类精度。

3. 算法层面的非均衡数据学习方法

算法层面的非均衡数据学习方法是对已有分类方法进行改进或者提出新的方法框架使其适用于非均衡的数据分布。算法层面的非均衡数据学习方法主要有集成学习和代价敏感学习等方法。集成学习是目前常用的算法层面非均衡数据学习方法，主要包括 Bagging、自适应提升（adaptive Boosting，AdaBoost）和 RS 三种。

1）Bagging

Bagging 算法由 Breiman[14]提出。该算法首先从原始数据集中根据相同概率有放回地抽取若干样本，重复多次，形成样本数量与原始数据集样本数量相同的多个数据集，其中有的样本可能多次出现在一个数据集中，有的样本可能没有在一个数据集中出现过；然后利用这些具有差异的数据集训练出多个基分类器；最后将多个基分类器的分类结果通过投票等方式融合成最终的输出结果[18]。由于采用相同概率有放回的抽样，Bagging 算法大大增加了基分类器之间的差异性，泛化能力得到有效提高。Bagging 算法中，影响分类效果的主要因素为基分类器的差异性和基分类器的准确性。在基分类器可以获取较高准确性的情况下，不同基分类器之间的差异性越大，Bagging 算法的分类效果越好。

2）AdaBoost

AdaBoost 算法不是简单地采用有放回的抽样方式生成多个训练子集，而是不断调整每个样本出现的概率，通过改变样本分布而形成的一种集成学习方法。AdaBoost 算法计算每次训练时各个样本的错分概率，在训练完成后增大原始数据集中错分样本在下一轮训练子集中出现的概率，减小分对样本在下一轮训练子集中出现的概率，使得分类器更加关注易错分样本[19]。具体来说，AdaBoost 算法的大致步骤如下：首先对原始数据集中的每个样本赋予相同的权重；其次以样本权重作为概率对原始数据集进行有放回的抽样，形成一个训练子集并使用分类器进行训练；最后计算基分类器的权重，根据权重动态地调整每个样本在下一次训练子集构建时出现的概率，即减小分对样本的权重、增大错分样本的权重。上述步骤中，基分类器的权重可以通过式（2.35）计算得出：

$$\alpha_i = \frac{1}{2}\ln\frac{1-\varepsilon_i}{\varepsilon_i} \tag{2.35}$$

式中，ε_i 为第 i 个基分类器中错分样本占训练子集的比例，ε_i 越高表示基分类器性能越差，α_i 就越小，该分类器对最终分类结果融合的贡献程度也越小。利用 α_i 调整样本权重的公式如下：

$$D_{t+1}(i) = \frac{D_t(i)}{Z_t} \times \begin{cases} \mathrm{e}^{-\alpha_t}, & h_t(x_i) = y_i \\ \mathrm{e}^{\alpha_t}, & h_t(x_i) \neq y_i \end{cases} \tag{2.36}$$

总的来说，不同的基分类器对每个样本的分类结果不同，因此 AdaBoost 算法中基分类器之间可以互补，较好地解决了易错分样本对集成学习结果的影响，在某些情况下可以获得比其他集成学习方法更好的分类结果。但是，由于过多地关注了数据集中的错分样本，AdaBoost 算法容易造成分类器的过拟合，对噪声数据也较为敏感。

3）RS

与 Bagging 和 AdaBoost 算法不同，RS 算法为基于特征划分的集成学习方法，即在特征层面上产生多个具有差异性的基分类器[20]。该算法首先重复多次地从原始特征集中随机抽取部分特征构成多个特征子集；然后将原始特征集中的样本数据映射到不同的特征子集上，从而得到多个特征上具有差异的特征子集，利用多个特征子集得到多个具有差异性的基分类器；最后根据不同的投票规则将多个基分类器的结果组合起来作为最终的分类结果输出。RS 算法在数据特征维度过高时可以得到差异性更大的基分类器，因此适用于特征维度较高的数据集。

4）代价敏感学习

在大部分非均衡数据分类问题中，少数类是分类的重点。在这种情况下，正确识别少数类的样本比正确识别多数类的样本更有价值。反过来说，错分少数类的样本需要付出更大的代价。代价敏感学习赋予各个类别不同的错分代价（cost），它能很好地解决不均衡数据分类问题。以二分类问题为例，假设正类是少数类，并具有更高的错分代价，则分类器在训练时会对错分正类样本做更大的惩罚，迫使最终分类器对正类样本有更高的识别率。

2.2.3　半监督学习

虽然基于机器学习的方法在文本情感分类中已经得到成功的应用，但是若要取得稳定有效的结果，需要大量的有标记样本，这需要耗费大量的人力和物力，同时很容易获得大量的无标记样本。因此，如何利用少量有标记样本和大量无标记样本进行学习已经成为文本情感分类领域的研究热点[47-49]。半监督学习正是在这样的背景下得到了广泛的关注。半监督学习主要研究如何利用少量有标记样本和大量无标记样本一同进行训练从而获得较好学习器的问题。

1. 半监督学习概述

在机器学习中，监督学习是一种重要的学习方法。监督学习利用有标记样本进行学习，进而调整学习器的参数，构建能够很好地预测未知样本的学习器。但是在实际应用中，监督学习为了构建优秀的学习器，通常需要对大量的有标记样本进行训练。对样本进行标记需要大量的时间和精力。如果有标记样本数量过少，则学习器的性能得不到保障。与此同时，由于信息技术的飞速发展，人们可以很容易获得大量的无标记样本。因此，人们开始研究如何利用少量的有标记样本和大量的无标记样本进行学习，进而得到性能较好的学习器[47-50]。学者针对如何使用无标记样本进行学习的问题提出了许多方法，如半监督学习（semi-supervised learning）、主动学习（active learning）和直推学习（transductive learning）等。相较于其他方法，半监督学习既不需要“神谕”的指导，也不是建立在“封闭世界”的方法，因此本书主要关注半监督学习。半监督学习一方面利用有标记样本的标记信息，另一方面利用无标记样本中隐藏的数据分布信息，构建性能优异的学习器。半监督学习大致可以分为半监督分类、半监督回归和半监督聚类。半监督分类和半监督回归主要利用无标记样本提高有标记样本训练得到的分类器或回归模型，半监督聚类主要利用有标记样本指导无标记样本进行聚类。本书主要对半监督分类进行研究。半监督学习近年来得到了快速的发展，被应用于自然语言处理、图像检索、语音识别等很多领域。本书主要将半监督学习应用于文本情感分类领域。

目前半监督学习的成立依赖模型假设。当模型假设正确时，无标记样本有助于改进学习性能。半监督学习有两种较为常见的假设：聚类假设（cluster assumption，CA）与流形假设（manifold assumption，MA）[50-52]。下面对这两种假设进行分析。

1）聚类假设

聚类假设认为如果样本在相同的簇中，则它们有很大的概率有相同的标记[50-52]。根据该假设，样本空间中稀疏和密集的数据分布区域可以被大量的无标记样本区分出来，进而利用有标记样本进行训练、调整，使得决策边界能够被学习算法划分到合适位置。为了防止决策边界被分在密集数据分布区域之间，尽量使稀疏数据分布区域的数据在决策边界的两侧。由于聚类假设简单、直观，学者基于聚类假设提出了很多半监督学习算法。

2）流形假设

流形假设是指当样本在很小的局部领域时，其标记很有可能是相似的[50, 52]。根据这个假设，为了让决策函数对数据样本进行更好的描述，可以通过大量的无标记样本使得样本空间中的样本点变得更加密集。流形假设从模型的局部特性入手，使得决策函数满足局部平滑性，这与聚类假设从整体特性入手不同。周志华和王珏[50]认为流形假设与聚类假设在本质上是一致的，由于流形假设对输出结果的限制更宽松，流形假设更具有一般性。

除了以上两种假设，还有学者提出了半监督平滑性假设（semi-supervised smoothness assumption，SSA）[51]。半监督平滑性假设是指如果位于密集数据分布区域的两个样本是邻近的，那么这两个样本的标记相似。也就是说，如果两个样本之间通过密集数据分布区域的边相连接，那么它们有很大的概率有相同的标记。

2. 半监督学习的有效性分析

为什么无标记样本可以帮助半监督学习提高学习的效果？对于这个问题，许多学者提出了一些理论进行解释。例如，Miller 和 Uyar[53]在 1997 年就从数据分布的估计这一角度，给出了半监督学习的有效性分析，来解释分类器能够利用无标记样本提高分类结果的原因。首先，假设所有数据的分布 $P(x)$ 是可辨识的混合分布，则它可以分解为 $P(x)=\sum_{l=1}^{L}\alpha_i P(y_l)P(x\mid y_l)$，设其为混合高斯分布，可表示为

$$f(x\mid\theta)=\sum_{l=1}^{L}\alpha_l f(x\mid\theta_j) \tag{2.37}$$

根据式（2.37），使用混合分布模型 m_i 和训练样本为参数的随机变量可以由样本 x_i 的类别标记 y_i 表示。因此，由最大后验概率假设可得，模型的最优分类函数可以表示为

$$h(x)=\arg\max_k \sum_j P(c_i=k\mid m_i=j,x_i)P(m_i=j\mid x_i) \tag{2.38}$$

式中，$P(m_i=j\mid x_i)=\dfrac{\alpha_l f(x\mid\theta_j)}{\sum_{l=1}^{L}\alpha_l f(x\mid\theta_j)}$。$P(c_i=k\mid m_i=j,x_i)$ 的估计需要有标记样本，$P(m_i=j\mid x_i)$ 的估计不需要有标记样本，而与无标记样本有关。因此，如果增加无标记样本的数量，那么对 $P(m_i=j\mid x_i)$ 的估计会更准确，导致式（2.38）中 $h(x)$ 的学习效果更好。因此，大量的无标记样本可以提高已有分类器的性能。此后，有学者针对无标记样本对分类器的作用做了进一步的讨论，发现如果把 $p(x,y\mid\theta)=P(y\mid x,\theta)P(x\mid\theta)$ 作为参数化模型分解后的结果，那么分类器会因模型参数 $P(x\mid\theta)$ 通过使用大量无标记样本的准确估计而变得更好。

3. 半监督学习的主要方法

半监督学习方法有很多，大致可以分为生成模型法、基于图的方法、直推 SVM 和协同训练（Co-training）。下面对这些方法进行分析。

1）生成模型法

生成模型法是一种典型的基于聚类假设的半监督学习方法[50, 54, 55]。生成模型

法首先假设样本和类别标记服从某种概率分布，然后通过训练有标记样本和无标记样本得到后验概率以及模型参数，最后得到分类模型。比较典型的生成模型有高斯模型、贝叶斯网络、隐马尔可夫模型和离散概率混合模型等。下面对离散概率混合模型进行分析。

离散概率混合模型如下：

$$f_X(x)=\sum_{i=1}^{n}a_i f_{Y_i}(x) \tag{2.39}$$

式中，X为随机变量；Y为X的概率密度函数，$0\leqslant a_i \leqslant 1$，$\sum_{i=1}^{n}a_i=1$。离散概率混合模型假设$X$由$n$个$Y$线性组合而成。离散概率混合模型的重要性质之一——可确认性已经得到证明[56]。

生成模型法常用的分类器是NB分类器，经常采用期望最大化（expectation maximization，EM）算法对模型的参数进行估计，然后利用少量有标记样本确定类别标记。其中，Nigam等[57]做出了很大的贡献，但是存在一些问题，例如，EM算法只能得到局部最优解。

2）基于图的方法

基于图的方法是一种典型的基于流形假设的半监督学习方法[50, 51, 55]。基于图的方法根据所有样本本身以及之间的关系构造成一个图（graph）。其中，样本作为图的节点，两个样本之间的相似度关系作为图的边。基于图的方法要保证有标记样本和无标记样本尽量满足流形假设，特别是满足局部与全局的一致性（local and global consistency）。

基于图的方法中比较流行的是标记传播算法（label propagation algorithm，LPA）[58]。该算法首先构建图，将包括有标记样本和无标记样本的样本集表示为$G=\langle V,E\rangle$。

然后计算图的边的权重。定义图的边的权重矩阵为W，其中，w_{ij}表示两个节点之间边的权重，$w_{ij}=0$表示两个节点之间没有连接的边。对于权重的计算，可以采用高斯核矩阵的形式：

$$w_{ij}=\mathrm{e}^{-\frac{x_i-x_{j2}}{2\sigma^2}}$$

特别地，$w_{ij}=0$。

最后计算拉普拉斯矩阵。令D为

$$d_{ij}=\begin{cases}\sum_j w_{ij}, & i=j\\ 0, & i\neq j\end{cases}$$

图具有两种形式的拉普拉斯矩阵，分别是非规范的拉普拉斯矩阵 $D\text{-}W$ 和规范的拉普拉斯矩阵 $I\text{-}D^{-\frac{1}{2}}WD^{-\frac{1}{2}}$。

标记传播算法伪代码如图 2.6 所示。

Input：Labeled example set L %有标记样本集
　　Unlabeled example set U %无标记样本集
Process：
利用高斯核矩阵定义图的权重矩阵 W
计算 D：$d_{ij}=\begin{cases}\sum_j w_{ij}, & i=j\\ 0, & i\neq j\end{cases}$
初始化标记样本 L 的标记向量 $\hat{Y}^{(0)}\leftarrow(y_1,y_2,\cdots,y_l,0,\cdots,0)$，其维数等于 $|L|+|U|$
迭代计算（1）和（2）直至收敛
（1）$\hat{Y}^{(t+1)}\leftarrow D^{-1}W\hat{Y}^{(t)}$
（2）$\hat{Y}_l^{(t+1)}\leftarrow Y_l$
Output：所有无标记样本的类别标记为 $y_{|L|+k}$

图 2.6　标记传播算法伪代码

基于图的方法具有良好的数学基础，一般能取得比较好的结果，但是计算的时间较长，难以应用于比较大的数据集中。因此，基于图的方法的主要研究目标之一就是缩短时间。

3）直推 SVM

直推 SVM 源于 Vapnik 的工作，它也可以用来估计未知的测试样本的类别标记，实际得到的是整个样本空间上的决策边界。直推 SVM 不是严格的直推方法，而是归纳半监督方法，也称为半监督 SVM（semi-supervised support vector machines，S3VM）[52, 55]。直推 SVM 满足聚类假设，即将分类的边界放在数据稀疏的区域中。具体来讲，就是利用最大间隔算法同时训练有标记样本和无标记样本的学习决策边界，使其通过稀疏数据区域，并且使学习得到的分类超平面与最近的样本间隔最大，如图 2.7 所示。

直推 SVM 在样本集 $X=\{x_1,x_2,\cdots,x_{l+u}\}$ 上的目标函数为

$$\min_{w,b,Y_u}\frac{1}{2}w^2+C_1\sum_{i=1}^{l}G(y_i,f(x_i))+C_2\sum_{i=l+1}^{l+u}G(\hat{y}_i,f(x_i))\tag{2.40}$$

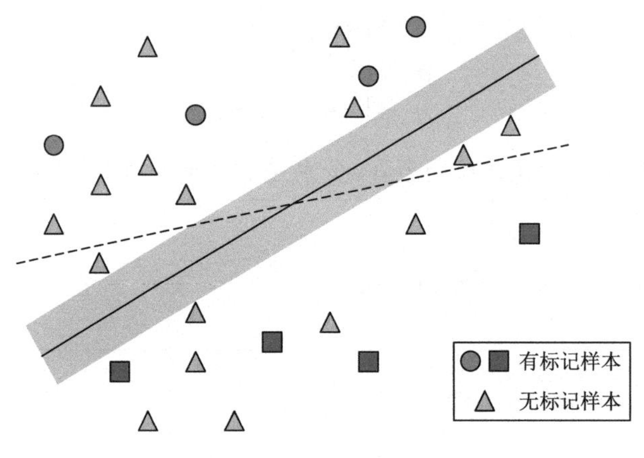

图 2.7　直推 SVM

式中，$G(y_i, f(x_i))$ 为损失函数；C_1 和 C_2 为正则化参数。直推 SVM 存在优化目标非凸的问题[59]。学者提出了很多技术来解决这一问题，主要有半定规划（semi-definite programming，SDP）法[60]、梯度下降（gradient decent，GD）法、分支定界（branch and bound，BB）法等。

4）协同训练

协同训练起源于 Blum 和 Mitchell[61]在 1998 年提出的标准协同训练，又称为基于分歧的半监督学习（disagreement based semi-supervised learning，DSSL）方法。标准协同训练的基本流程如下：首先，分别训练两个视图上的有标记样本，得到两个分类器；其次，每个分类器对无标记样本进行标记，这些标记样本称为伪标记样本；再次，在伪标记样本中按照类别选择置信度最高的样本，并将这些伪标记样本和有标记样本结合，形成新的有标记样本；最后，生成的分类器将两个分类器的结果以乘积的方式结合。标准协同训练伪代码如图 2.8 所示。

Input：Labeled example set L %有标记样本集
　　Unlabeled example set U %无标记样本集
　　Base learning algorithm f %基分类器
Process：
Loop for k iterations：
　　Use L to train a classifier f_1 that considers only the x_1 portion of x
　　Use L to train a classifier f_2 that considers only the x_2 portion of x
　　Allow f_1 to label p positive and n negative examples from U
　　Allow f_2 to label p positive and n negative examples from U
　　Add these self-labeled examples to L
Output：$F(x) = f_1(x_1) \times f_2(x_2)$

图 2.8　标准协同训练伪代码

标准协同训练假设两个视图充分冗余且满足条件独立性。其中，充分冗余是指在两个视图上产生的分类器都是强分类器。对于存在两个视图的样本 $x=[x_1,x_2]$，两个视图对于类别标记 y 的条件独立性为

$$P(x_1 \mid y,x_2)=P(x_1 \mid y) \tag{2.41}$$

$$P(x_2 \mid y,x_1)=P(x_2 \mid y) \tag{2.42}$$

条件独立性是一个非常强的假设，在实际应用中很难满足。因此，许多学者对放松协同训练的条件进行了研究，并且提出了许多改进的算法。比较重要的是 Goldman 和 Zhou[62, 63]提出的 Statistic Co-learning 和 Democratic Co-learning 算法以及 Zhou 和 Li[64, 65]提出的 Tri-training 和 Co-forest 算法。其中，Tri-training 算法是比较典型的基于多分类器的协同训练改进算法，下面对 Tri-training 算法进行分析。

Tri-training 算法是不需要多个视图的基于多分类器的方法。Tri-training 算法不仅利用“多数帮助少数”的方式挑选无标记样本，而且利用多分类器的方法来提高泛化能力。该算法首先使用重抽样（Bootstrapping）方式生成三个分类器；然后在协同训练过程中利用“多数帮助少数”的方式扩大少数分类器的训练集，具体来讲，对于无标记样本的标记，如果有两个分类器的预测是相同的，那么这个样本的标记很可能就是这两个分类器所预测的标记，且这个样本对于“分类不正确”的少数分类器即第三个分类器有帮助，把这个样本加入少数分类器的训练集中；最后生成分类器，Tri-training 算法以主投票的方式合成分类器。此外，为了减少无标记样本被错误标记的可能性，Tri-training 算法引入噪声学习理论，但这会在一定程度上增加算法的复杂度。Tri-training 算法伪代码如图 2.9 所示[64]。随后，Zhou 和 Li[65]对 Tri-training 算法进行了扩展，将三个分类器推广到更多分类器的情况，提出了 Co-forest 算法。

Input: Labeled example set L %有标记样本
Unlabeled example set U %无标记样本
Base learning algorithm f %基分类器
Process:
for $i \in \{1..3\}$ do
　$S_i \leftarrow \text{BootstrapSample}(L)$
　$f_i \leftarrow f(S_i)$
　$e_i' \leftarrow 0.5; l_i' \leftarrow 0$
end of for
repeat until none of f_i ($i \in \{1..3\}$) changes
　for $i \in \{1..3\}$ do
　　$L_i \leftarrow \varnothing; \text{update}_i \leftarrow \text{FALSE}$
　　$e_i \leftarrow \text{MeasureError}(f_j \,\&\, f_k)(j,k \neq i)$
　　if ($e_i < e_i'$)
　　then for every $x \in U$ do
　　　　if $f_j(x) = f_k(x)$ ($j,k \neq i$)
　　　　then $L_i \leftarrow L_i \cup \{(x, f_j(x))\}$
　　　end of for
　　　if ($l_i' = 0$)
　　　then $l_i' \leftarrow \dfrac{e_i}{e_i' - e_i} + 1$
　　　if ($l_i' < |L_i|$)
　　　then if ($e_i |L_i| < e_i' l_i'$)
　　　　then $\text{update}_i \leftarrow \text{TRUE}$
　　　　else if $l_i' > \dfrac{e_i}{e_i' - e_i}$
　　　　　then $L_i \leftarrow \text{Subsample}\left(L_i, \dfrac{e_i' l_i'}{e_i} - 1\right)$
　　　　　　$\text{update}_i \leftarrow \text{TRUE}$
　end of for
　for $i \in \{1..3\}$ do
　　if $\text{update}_i = \text{TRUE}$
　　then $f_i \leftarrow f(L \cup L_i); e_i' \leftarrow e_i; l_i' \leftarrow |L_i|$
　end of for
end of repeat
Output: $F(x) = \arg\max_{y \in Y} \sum_{i=1}^{K} 1(y = f_i(x))$

图 2.9　Tri-training 算法伪代码

第 3 章　集成学习在文本情感分类中的比较研究

3.1　概　　述

随着信息技术的飞速发展，用户自主生成的文本内容可以很容易地发布在网络上[66]。庞大的用户群体和近乎指数增长的信息给政府、企业和用户自身提供了潜在价值。例如，政府可以通过网民的评论来评估公众情绪，以制定更好的政策；许多源于消费者对商品和服务的评论已经成为商业分析中极为重要的资源，这些评论可以为亚马逊等电子商务公司制定商业策略[67]；在线用户可以通过推荐系统了解其他用户的意见，以获取有益信息。

绝大部分在线生成的文本内容包含着情感。情感是一个人对某件事的观点或感觉[68]，通常分为积极的（positive）情感和消极的（negative）情感。分析和预测情感极性对于理解社会现象和社会总体趋势至关重要[69]，因此情感分类已经成为热门的研究话题[66, 69-72]。基于启发式的方法和机器学习方法被频繁地用于早期情感分类的研究中。基于启发式的方法主要基于语言特征和语义特征的结合。例如，Turney[8]使用互信息与预先定义的情感词给其他短语标记评分，从而识别整个文本的情感。与此同时，许多研究使用机器学习方法进行情感分类。例如，由于 SVM 和 NB 具有较好的预测能力，Pang 等[1]利用其对情感分类进行了实证研究，结果显示 SVM 相比 NB 等分类器有更好的实验结果。近几年，人们对集成学习技术有了越来越大的兴趣。集成学习技术将多个基分类器的输出整合，形成一个最终的输出，以增加分类精度[73, 74]。与其他研究领域相比，将集成学习应用于文本情感分类的研究较少，需要开展更广泛的研究工作。

本书对集成学习在情感分类中的有效性进行了对比研究，重点研究三种主要的集成学习方法（Bagging 算法[14]、Boosting 算法[13]和 RS 算法[75]）在文本情感分类中的有效性。许多领域的理论研究和实证研究验证了集成学习方法的有效性[10, 76]。在集成学习方法中，分类器组成的集合通常称为基分类器。在 Bagging 算法中，由随机独立地从训练集中有放回地抽样组成基分类器，最终的结果由多数投票计算得来[14, 76]。在 Boosting 算法中，基分类器由加权的训练集组成，该权重依赖先前的基分类器的分类结果，最终的结果由一个简单的投票或者加权多数投票计算而来[13, 76]。在 RS 算法中，基分类器由特征空间中的 RS 组成[75, 76]。本书采用 10 个公共情感数据集和 5 种基分类器（NB、ME、决策树（decision tree，DT）、*K* 近邻（*K* nearest neighbors，KNN）和 SVM）来验证这三种集成学习方法的有效性。基于 1200 个对比组实验的结果表明，集成学习方法相比基分类器有更好的性能表现。在这三种集成学习方法中，RS 算法有更好的结果。另外，RS-SVM 在 6 个数据集中取得最高的平均分类精度，在其他 4 个数据集中和其他分类方法有着相同的结果。这些实验结果表明集成学习方法用于文本情感分类是可行的。

3.2　集成学习在情感分类中的应用

相对于单个分类器，集成学习方法具有更强的泛化能力，这使得集成学习方法非常有吸引力。Dietterich[77]给出了集成学习方法具有较强泛化能力的三个理由：第一，训练数据可能没有提供足够的信息来选择一个最优学习器。例如，可能有多个基分类器在对训练集进行训练时表现同样出色。因此，将这些基分类器组合起来是更好的选择。第二，学习算法的搜索过程可能是不完全的。例如，尽管可能有唯一的最佳假设，但是这个目标可能很难达到，通过集成可以弥补这样的搜索过程。第三，被搜索的假设空间可能不包含正确的目标函数，集成学习方法可以给出一些较好的近似值。例如，DT 的分类边界是平行于坐标轴的线段。如果目标分类边界是一条光滑的对角线，使用单个 DT 不能得到好的结果，但是组合一系列 DT 会得到较好的近似结果。在实践中，较好的集成学习方法满足两个必要条件：基分类器的精度和多样性[78]。一方面，基分类器应该比随机猜测更准确；另一方面，每个基分类器都应该有自己解决问题的方式，也有与其他基分类器不同的出错模式。目前，集成学习方法主要可以分为两类：基于实例划分的方法和基于特征划分的方法[10, 76]。基于实例划分的方法主要有 Bagging 算法和 Boosting 算法；基于特征划分的方法主要有 RS 算法。

3.2.1　Bagging 算法

Bagging 算法又称自助聚集（bootstrap aggregating）算法，它是最早被提出的集成学习算法之一[14]。它也是最直接容易实现，又有着较好效果的集成学习算法。

Bagging 算法中的多样性是由有放回地抽取训练样本来实现的，用这种方式随机产生多个训练子集，再在每个训练子集上训练一个同种基分类器[76, 79]。Bagging 算法最终的分类结果由基分类器的分类结果经多数投票产生。当与基分类器的分类结果相结合时，这种简单的策略可以降低误差。

当数据规模有限时，Bagging 算法是特别有效的。为了确保每个训练子集中有足够的训练样本，可以采用有放回的取样方法，这会使单个训练子集有明显的数据重叠，有些样本会反复出现在多个训练子集中，有些样本会多次出现在一个训练子集中。此外，为了确保训练集的多样性，通常会使用一些相对不稳定的基分类器。Bagging 算法伪代码如图 3.1 所示。

Input: Data set $D = \{(x_1, y_1), (x_2, y_2), \cdots, (x_m, y_m)\}$;
Base learning algorithm L;
Number of learning rounds T.

Process:
For $t = 1, 2, \cdots, T$:
D_t = Bootstra(D)
$h_t = L(D_t)$
end.

Output: $H(x) = \mathrm{argmax}_{y \in Y} \sum_{t=1}^{T} 1(y = h_t(x))$

图 3.1　Bagging 算法伪代码

3.2.2　Boosting 算法

与 Bagging 算法不同，Boosting 算法产生不同的基分类器，并且不断地更新训练集中实例的权重[13]。Boosting 算法的基本思想是用基分类器对不断修改的训练集进行反复训练，从而经过预定次数的迭代后产生一系列基分类器。首先，所有样本都用统一的权重初始化；然后，每次迭代后为样本赋予一个新的权重；最后，判断分类是否正确，如果正确分类则该样本的权重减少，如果错误分类则该样本的权重增加。Boosting 算法最终的模型是一些被赋予权重的基分类器的线性组合，这些权重由分类器的分类结果决定。

目前有多个版本的 Boosting 算法，广泛使用的是由 Freund 和 Schapire[13, 15]提出的 AdaBoost 算法。AdaBoost 算法伪代码如图 3.2 所示。

Input: Data set $D=\{(x_1,y_1),(x_2,y_2),\cdots,(x_m,y_m)\}$;
Base learning algorithm L;
Number of learning rounds T.
Process:
$D_1(i)=1/m$.
For $t=1,2,\cdots,T$:
$h_t=L(D,\ D_t)$;
$\varepsilon_t=\Pr_{i\sim D_t}[h_t(x_i\neq y_i)]$;
$\alpha_t=\frac{1}{2}\ln\frac{1-\varepsilon_t}{\varepsilon_t}$;
$$D_{t+1}(i)=\frac{D_t(i)}{Z_t}\times\begin{cases}\exp(-\alpha_t) & ,h_t(x_i)=y_i\\ \exp(\alpha_t) & ,h_t(x_i)\neq y_i\end{cases}$$
$$=\frac{D_t(i)\exp(-\alpha_t y_i h_t(x_i))}{Z_t}$$
end.
Output: $H(x)=\text{sign}(f(x))=\text{sign}\sum_{t=1}^{T}\alpha_t h_t(x)$

图 3.2　AdaBoost 算法伪代码

3.2.3　RS 算法

RS 算法是由 Ho[75]提出的一种集成学习方法。RS 算法中对训练集的构建类似 Bagging 算法。但是，RS 算法的训练集是抽取特征空间中的特征而不是抽取样本进行构建的。RS 算法的优点是使用 RS 来构建和组合基分类器。当数据集中有过多冗余的或者不相关的特征时，RS 中会得到一个比原始特征空间更优的基分类器[75]。由基分类器组合得到的结果会比建立在原始数据完备特征集上的单个弱分类器得到的结果更优。RS 算法伪代码如图 3.3 所示。

Input: Data set $D=\{(x_1,y_1),(x_2,y_2),\cdots,(x_m,y_m)\}$;
Base classifier algorithm L;
Number of random subspace rate k;
Number of learning rounds T.
Process:
For $t=1,2,\cdots,T$:
$D_t=\text{RS}(D,k)$;
$h_t=L(D_t)$;
end.
Output: $H(x)=\text{argmax}_{y\in Y}\sum_{t=1}^{T}1(y=h_t(x))$

图 3.3　RS 算法伪代码

3.3　实 验 设 计

3.3.1　数据集

为了验证集成学习在文本情感分类中的有效性，本书使用不同领域的 10 个公共情感数据集：Camera、Camp、Doctor、Drug、Laptop、Lawyer、Movie、Music、Radio、TV[80, 81]。1 个数据集来自常用的康奈尔电影评论数据集[80]。它由 4 个标注情感词（正面的或者负面的）或 1～5 的评定等级的电影评论文档的集合组成。本实验中包含 1000 个正面评论和 1000 个负面评论，标有极性的文档被选作数据集。其他 9 个数据集来自 Whitehead 和 Yaeger[81]。这些数据集包含评论和相应评级，“1” 表示正面评价，“–1” 表示负面评价。除了 Camera 数据集包含 250 个正面实例和 248 个负面实例，其他 8 个数据集均含等量的正面实例和负面实例。

3.3.2　评价标准

本书采用平均分类精度的既定标准来评价算法的性能。如表 2.1 所示，平均分类精度可以用文本情感分类混淆矩阵来解释。

平均分类精度定义如下：

$$\text{Average accuracy} = \frac{\text{TP} + \text{TN}}{\text{TP} + \text{FP} + \text{FN} + \text{TN}} \tag{3.1}$$

3.3.3　实验过程

本书在 10 个文本情感分类数据集上进行 10 次 10 折交叉验证。具体来说，每个文本情感分类数据集被分割成 10 个具有相似大小和分布的子集。9 个子集作为训练集，剩下的 1 个子集作为测试集。整个过程重复 10 次，这样每个子集都有一次作为测试集的机会。平均测试结果即 10 折交叉验证的结果。整个过程使用随机分割的 10 个子集重复 10 次，这些不同分割的平均结果都被记录下来。

集成学习方法由一些基分类器组成。根据已有研究[72, 73, 82]，本实验选择 5 个广泛使用的基分类器：NB、ME、DT、KNN 和 SVM。其中，NB 是一种基于贝叶斯定理的简单分类算法[83]。它易于构造，不需要复杂的迭代参数估计，并且很容易应用于庞大的数据集；但最大的缺点就是条件独立性假设违背了现实世界的数据规律。ME 是自然语言处理的最好方法之一[72]，与 NB 不同，ME 没有假设特征之间的关系，因此当条件独立性假设无法满足时，它可能会表现得更好。DT 因其与人类思维的紧密相似和简单易懂已广泛应用于构建分类模型[84]。DT 是逻辑上结合一系列简单测试的连续模型。每个测试都比较一个数值属性和某一阈值或者一个名词属性和一组可能的值，本实验选择广泛使用的 C4.5。KNN 是一种非常简单的分类方法[85]。一个 KNN 对象是通过其邻居的多数投票来分类的。如果 $K=1$，这个对象就会被简单地分配给其最近邻的类别标签。KNN 最主要的缺点之一是其分类器需要可用数据。当训练集很大时，这可能会导致相当大的开销，本实验取 $K=1$。SVM 是一种已经在许多应用中证明具有较好性能的数据挖掘技术[86]。它具有良好的理论基础，相比 ANN，SVM 能更好地捕获数据的内在特征。本实验使用三种常用的集成学习方法：Bagging 算法、Boosting 算法和 RS 算法。根据文献[72]的研究，本书采用 Unigram 和二元语言模型（Bigram）来构建特征集，对于特征值的计算采用词现（term present，TP）、TF 和 TF-IDF 三种形式，共进行 1200 组对比实验（6 个特征集×20 个分类器×10 个数据集）来验证文本情感分类中集成学习的有效性。实验过程如图 3.4 所示。

3.4　实验结果分析与讨论

本实验的计算机配置如下：Windows 7 操作系统、3.10GHz AMD FX(tm)-8102 八核中央处理器（central processing unit，CPU）和 8GB 内存。使用数据挖掘工具 WEKA3.7.0，WEKA 包含一组针对数据挖掘问题的机器学习方法[87]。本实验比较 20 种分类方法的性能，包括 NB、ME、DT、KNN 和 SVM 以及它们对应的集成学习方法（Bagging 算法、Boosting 算法和 RS 算法）。其中，NB、ME、KNN 和 SVM 分别使用 WEKA 中的 NaiveBayes 模块、Logistic 模块、IBk 模块和 SMO 模块来实现，DT 采用 J48 模块（WEKA 下的 C4.5）实现。WEKA 中的 Bagging 模块、AdaBoostM1 模块和 RandomSubSpace 模块分别用于实现 Bagging 算法、Boosting 算法和 RS 算法。由于原始数据集是文本形式，利用 WEKA 的 StringToWordVector 工具将原始数据集转换为 N-gram 形式。除非特别说明，本实验使用 WEKA 中各方法的默认参数。

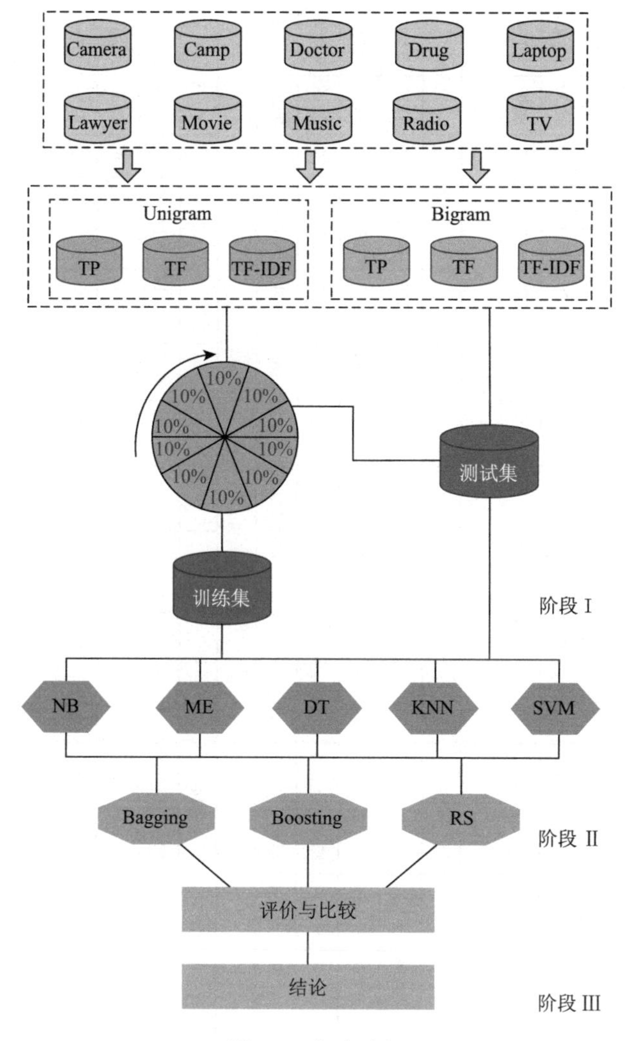

图 3.4　实验过程

3.4.1　实验结果

表 3.1～表 3.6 展示了文本情感分类中基分类器和集成学习方法的实验结果。其中，带有波浪线的数据表示局部最大值，各数据集数值后带“±”符号的数值表示标准偏差。

Camera 数据集中 ME 的平均分类精度最高，达到 80.86%。Camp 数据集中平均分类精度最高的是 RS-SVM 的 85.48%。Doctor 数据集中平均分类精度最高的是 RS-SVM 的 85.97%。Drug 数据集中平均分类精度最高的是 RS-SVM 的 70.26%。

表 3.1　实验结果（Unigram-TP）　（单位：%）

	NB		ME		DT		KNN		SVM	
Camera										
BL	78.19	±4.98	78.12	±5.64	65.52	±6.72	60.02	±5.92	74.69	±5.79
Bagging	77.89	±5.28	76.86	±5.57	71.49	±6.70	59.25	±5.92	76.42	±6.01
Boosting	76.24	±6.10	76.72	±5.64	69.96	±6.13	60.02	±5.92	74.69	±5.79
RS	77.93	±5.82	77.71	±6.13	70.98	±6.22	62.13	±6.39	76.52	±5.47
Doctor										
BL	75.02	±3.51	74.01	±3.97	74.74	±3.27	65.98	±3.26	83.13	±2.81
Bagging	74.93	±3.49	73.88	±3.38	80.71	±3.06	64.80	±3.35	84.74	±2.72
Boosting	81.12	±3.90	68.20	±4.77	79.67	±2.99	65.70	±3.28	83.67	±2.97
RS	74.78	±3.69	73.46	±4.00	80.59	±2.98	67.59	±3.66	85.97	±2.94
Laptop										
BL	79.90	±9.38	71.38	±8.69	64.42	±11.50	51.76	±11.69	79.29	±9.00
Bagging	79.52	±9.16	69.33	±8.12	68.45	±11.11	51.29	±11.34	79.96	±8.90
Boosting	77.87	±9.66	70.59	±8.69	69.83	±10.38	51.76	±11.69	79.29	±9.00
RS	78.78	±9.38	71.09	±9.18	71.05	±11.37	57.58	±10.96	78.48	±9.51
Movie										
BL	81.36	±2.92	61.57	±3.56	65.85	±3.53	55.95	±3.25	79.21	±2.30
Bagging	81.12	±2.97	71.81	±3.25	74.39	±2.95	56.39	±3.27	81.26	±2.33

	NB		ME		DT		KNN		SVM	
Camp										
BL	81.19	±4.58	80.06	±4.81	75.11	±5.06	67.90	±4.43	83.05	±4.26
Bagging	81.31	±4.27	80.21	±4.03	79.08	±5.01	67.50	±4.47	83.46	±3.88
Boosting	82.17	±4.16	80.06	±4.81	79.54	±4.20	67.90	±4.43	82.79	±4.25
RS	80.82	±5.25	81.98	±3.50	80.20	±4.01	72.71	±4.72	85.48	±3.54
Drug										
BL	68.87	±5.23	60.54	±6.54	56.10	±5.29	52.98	±5.22	67.29	±4.94
Bagging	68.70	±5.61	63.79	±6.17	62.19	±4.73	53.94	±4.98	68.24	±4.63
Boosting	68.56	±5.09	62.34	±6.61	60.89	±5.17	52.98	±5.22	66.88	±4.74
RS	68.69	±5.42	61.89	±5.37	62.58	±4.88	56.18	±5.29	70.26	±5.41
Lawyer										
BL	80.93	±7.14	76.73	±8.91	66.25	±10.18	64.27	±10.52	83.55	±7.47
Bagging	81.14	±7.63	75.09	±9.20	72.00	±9.40	63.45	±10.61	83.36	±7.89
Boosting	81.19	±8.73	75.91	±8.91	72.82	±9.14	64.27	±10.52	83.55	±7.47
RS	80.96	±7.32	79.18	±9.67	72.64	±9.78	68.41	±10.42	83.82	±7.65
Music										
BL	65.86	±5.50	67.49	±6.58	59.23	±5.45	49.83	±5.75	68.73	±5.81
Bagging	66.13	±5.79	70.03	±5.81	64.48	±6.42	50.14	±5.48	70.03	±5.45

续表

	Movie										Music										
	NB		ME		DT		KNN		SVM			NB		ME		DT		KNN		SVM	
Boosting	82.49	±2.87	61.15	±3.56	73.35	±3.15	55.95	±3.25	79.21	±2.30	Boosting	69.83	±4.95	68.72	±6.58	63.92	±5.46	49.83	±5.75	68.73	±5.81
RS	80.95	±2.89	79.92	±3.05	74.61	±3.10	60.79	±3.64	82.54	±2.50	RS	65.89	±5.90	65.98	±5.84	63.35	±6.31	54.55	±4.87	71.41	±5.05
	Radio										TV										
	NB		ME		DT		KNN		SVM			NB		ME		DT		KNN		SVM	
BL	67.79	±5.57	65.08	±4.43	62.00	±5.11	59.46	±4.33	72.36	±4.25	BL	71.90	±6.17	72.04	±6.61	62.87	±6.72	60.64	±5.61	77.94	±5.55
Bagging	67.99	±5.56	63.96	±3.39	66.17	±5.69	59.30	±4.21	72.39	±4.32	Bagging	71.87	±6.16	69.79	±6.66	68.66	±7.21	59.64	±5.91	77.26	±5.62
Boosting	70.84	±5.39	64.27	±4.26	65.09	±5.06	59.13	±4.23	71.74	±4.50	Boosting	73.65	±5.83	72.04	±6.61	66.89	±7.07	60.64	±5.61	77.94	±5.55
RS	67.31	±5.60	65.46	±3.73	65.41	±5.14	59.25	±4.04	74.14	±4.40	RS	70.97	±6.55	72.04	±6.67	66.89	±6.16	62.47	±5.91	76.34	±6.10

表 3.2　实验结果（Unigram-TF）　　（单位：%）

Camera										
	NB		ME		DT		KNN		SVM	
BL	78.19	±5.40	75.77	±7.25	64.29	±6.50	59.63	±6.04	74.89	±6.11
Bagging	78.72	±5.75	73.93	±6.52	71.44	±5.43	58.55	±6.29	75.94	±6.11
Boosting	75.90	±6.49	75.77	±7.25	70.58	±6.91	59.63	±6.04	74.89	±6.11
RS	78.03	±6.18	71.35	±6.43	71.08	±5.76	61.45	±5.68	75.61	±5.53

Camp										
	NB		ME		DT		KNN		SVM	
BL	81.13	±4.75	82.56	±5.42	74.48	±4.54	68.02	±4.67	83.29	±4.65
Bagging	81.90	±4.39	82.42	±4.21	80.08	±3.75	67.52	±5.06	83.69	±4.71
Boosting	81.85	±4.78	82.56	±5.42	79.58	±4.83	68.02	±4.67	83.16	±4.32
RS	80.90	±4.81	76.97	±3.97	80.13	±3.77	72.21	±5.24	84.86	±4.33

Doctor										
	NB		ME		DT		KNN		SVM	
BL	74.73	±3.01	67.79	±3.84	73.66	±4.02	66.09	±3.37	82.05	±2.94
Bagging	74.88	±3.02	70.51	±3.86	80.37	±3.19	64.65	±3.32	84.21	±3.07
Boosting	81.58	±2.90	71.08	±4.30	78.56	±4.07	65.94	±3.32	82.66	±3.53
RS	74.70	±2.91	73.04	±3.35	80.04	±3.22	67.80	±4.33	85.84	±2.50

Drug										
	NB		ME		DT		KNN		SVM	
BL	68.78	±4.59	64.48	±5.06	57.41	±5.49	52.75	±4.58	66.72	±4.95
Bagging	69.08	±4.80	62.75	±4.84	61.90	±5.05	52.61	±3.98	67.68	±4.71
Boosting	68.07	±4.73	64.48	±5.06	61.28	±6.10	52.75	±4.58	66.81	±4.78
RS	68.36	±4.45	58.24	±4.62	62.38	±5.05	54.85	±4.68	68.70	±5.09

Laptop										
	NB		ME		DT		KNN		SVM	
BL	78.65	±9.57	81.35	±8.37	62.15	±11.79	51.31	±10.72	77.50	±9.31
Bagging	77.93	±10.30	81.33	±8.29	66.82	±11.10	52.42	±9.40	77.05	±9.87
Boosting	78.74	±10.62	81.35	±8.37	70.25	±12.31	51.31	±10.72	77.50	±9.31
RS	78.31	±11.14	84.14	±8.53	66.95	±13.98	56.99	±11.85	76.61	±9.52

Lawyer										
	NB		ME		DT		KNN		SVM	
BL	79.91	±7.48	87.91	±6.30	64.55	±9.71	64.27	±7.91	84.09	±7.66
Bagging	80.73	±6.75	83.50	±6.82	70.73	±8.96	63.82	±8.47	83.27	±7.33
Boosting	81.09	±7.61	87.91	±6.30	72.79	±8.06	64.27	±7.91	84.09	±7.66
RS	80.91	±7.02	86.00	±6.19	71.00	±9.13	69.00	±8.10	83.45	±7.30

Movie										
	NB		ME		DT		KNN		SVM	
BL	81.15	±3.33	63.58	±3.18	66.58	±2.53	56.19	±2.66	79.11	±2.40
Bagging	80.98	±3.17	70.50	±2.89	74.09	±3.12	56.55	±2.70	80.79	±2.76

Music										
	NB		ME		DT		KNN		SVM	
BL	66.02	±7.07	64.37	±6.65	58.32	±6.78	50.18	±6.27	68.87	±6.56
Bagging	66.12	±6.77	63.85	±5.43	64.65	±6.37	51.25	±5.60	69.69	±5.49

续表

Movie											Music										
	NB		ME		DT		KNN		SVM			NB		ME		DT		KNN		SVM	
Boosting	82.90	±2.83	63.58	±3.18	73.03	±3.18	56.19	±2.66	79.11	±2.40	Boosting	70.79	±6.86	64.37	±6.65	64.65	±5.68	50.18	±6.27	68.87	±6.56
RS	80.69	±3.28	81.29	±2.94	74.79	±2.93	60.38	±3.16	81.94	±2.88	RS	66.40	±6.78	61.19	±5.71	63.68	±6.24	55.44	±5.71	71.21	±5.68
Radio											TV										
	NB		ME		DT		KNN		SVM			NB		ME		DT		KNN		SVM	
BL	67.34	±4.53	63.18	±6.27	61.07	±4.23	59.10	±5.35	72.60	±4.93	BL	71.15	±6.05	74.43	±5.68	63.11	±6.48	61.15	±6.83	77.15	±5.95
Bagging	67.51	±4.45	69.23	±4.36	67.08	±4.70	58.39	±5.35	72.18	±5.16	Bagging	71.40	±6.37	71.13	±6.01	68.68	±5.46	59.87	±6.42	76.85	±6.54
Boosting	70.26	±4.08	69.39	±5.39	64.93	±4.77	58.18	±5.41	71.68	±4.42	Boosting	72.55	±6.29	74.43	±5.68	65.87	±6.99	61.15	±6.83	77.15	±5.95
RS	66.88	±4.42	62.57	±4.85	64.34	±4.48	59.00	±3.52	73.60	±3.83	RS	71.19	±7.50	75.23	±6.00	67.45	±6.20	62.55	±6.96	76.51	±5.74

表 3.3　实验结果（Unigram-TF-IDF）　　（单位：%）

	NB		ME		DT		KNN		SVM	
Camera										
BL	78.22	±5.19	77.01	±6.00	66.24	±7.18	59.14	±6.33	73.04	±6.59
Bagging	78.14	±5.33	75.36	±5.79	73.40	±6.60	59.52	±6.09	75.41	±6.47
Boosting	71.99	±6.33	77.01	±6.00	72.26	±6.76	59.14	±6.33	73.04	±6.59
RS	77.69	±5.52	78.71	±6.34	71.50	±6.44	59.98	±6.75	75.54	±6.33
Doctor										
BL	78.84	±3.06	73.73	±4.39	72.11	±3.44	58.77	±4.61	82.17	±3.21
Bagging	79.13	±3.12	75.42	±3.50	76.10	±3.36	58.73	±4.39	82.59	±3.03
Boosting	80.49	±3.26	68.24	±5.01	73.15	±3.50	58.93	±4.16	80.69	±3.84
RS	78.95	±2.91	72.88	±3.68	76.40	±3.36	71.02	±3.01	83.38	±3.09
Laptop										
BL	80.29	±9.02	70.46	±9.18	69.32	±9.01	50.51	±2.46	76.20	±11.22
Bagging	78.42	±9.81	66.12	±9.59	71.30	±11.35	50.22	±2.31	74.43	±11.77
Boosting	78.21	±11.00	70.46	±9.18	72.53	±10.84	50.51	±2.46	76.20	±11.22
RS	78.13	±9.05	71.70	±10.16	74.71	±11.08	50.62	±2.79	75.27	±10.14
Movie										
BL	81.09	±2.62	61.54	±3.76	65.80	±3.35	50.66	±1.48	78.77	±2.69
Bagging	80.80	±2.65	75.13	±3.21	75.78	±2.61	51.41	±2.10	81.35	±2.60

	NB		ME		DT		KNN		SVM	
Camp										
BL	81.64	±4.22	80.30	±3.80	76.55	±6.18	65.66	±4.36	82.29	±3.95
Bagging	81.77	±4.07	80.19	±3.95	78.38	±5.80	64.29	±4.27	82.54	±3.66
Boosting	81.69	±4.04	80.30	±3.67	75.92	±6.18	65.66	±4.43	79.18	±3.95
RS	80.35	±4.21	82.26	±4.80	77.53	±4.82	74.86	±3.98	81.77	±3.69
Drug										
BL	67.71	±4.51	62.44	±5.35	59.06	±4.97	49.13	±5.34	67.31	±4.75
Bagging	68.23	±4.52	66.00	±4.69	63.55	±4.28	49.23	±4.66	67.64	±4.82
Boosting	67.24	±5.33	61.94	±5.64	61.08	±5.06	49.13	±5.34	67.13	±5.00
RS	67.56	±4.76	61.62	±4.33	63.53	±6.30	55.04	±4.62	69.83	±4.51
Lawyer										
BL	78.68	±7.53	77.23	±8.49	64.91	±10.07	51.00	±9.85	77.09	±7.86
Bagging	79.64	±6.73	74.27	±8.12	67.77	±8.72	51.91	±9.95	77.45	±8.17
Boosting	73.82	±9.28	77.23	±8.49	63.45	±9.86	51.00	±9.85	63.50	±11.44
RS	78.18	±8.02	80.23	±7.57	67.32	±9.94	62.77	±12.12	78.27	±7.80
Music										
BL	68.83	±6.66	67.77	±6.75	57.83	±6.62	50.65	±5.47	69.31	±5.58
Bagging	69.15	±6.72	71.74	±5.65	63.92	±5.29	51.38	±5.64	69.69	±5.49

续表

Movie										
	NB		ME		DT		KNN		SVM	
Boosting	81.54	±2.59	61.54	±3.76	73.90	±3.02	50.66	±1.48	78.77	±2.69
RS	80.97	±2.73	80.08	±2.61	74.98	±2.75	51.99	±2.01	81.60	±2.22
Radio										
	NB		ME		DT		KNN		SVM	
BL	63.94	±4.65	64.22	±3.89	58.30	±4.95	56.87	±4.15	68.03	±4.33
Bagging	64.52	±4.55	62.84	±3.39	61.75	±4.49	56.45	±4.35	67.13	±3.80
Boosting	65.93	±5.20	63.96	±3.66	59.95	±5.15	56.87	±4.15	65.50	±4.30
RS	64.02	±4.90	66.87	±4.09	59.75	±5.61	62.53	±4.61	66.87	±3.90

Music										
	NB		ME		DT		KNN		SVM	
Boosting	69.32	±6.00	67.77	±6.75	60.62	±6.66	50.65	±5.47	66.66	±5.67
RS	68.77	±6.99	64.84	±5.96	62.96	±5.97	53.50	±6.07	72.13	±5.52
TV										
	NB		ME		DT		KNN		SVM	
BL	70.77	±6.94	72.09	±6.10	61.91	±6.69	54.87	±4.61	73.47	±6.55
Bagging	70.70	±6.16	67.02	±6.32	65.30	±7.51	53.64	±4.00	72.68	±6.12
Boosting	71.02	±6.20	72.09	±6.10	63.96	±7.27	54.87	±4.61	73.47	±6.55
RS	70.23	±6.34	72.60	±6.64	61.51	±6.63	61.85	±5.35	71.72	±6.16

表 3.4 实验结果（Bigram-TP） （单位：%）

Camera	NB		ME		DT		KNN		SVM	
BL	77.07	±5.82	80.75	±6.73	60.12	±7.51	45.95	±7.46	74.03	±5.81
Bagging	76.83	±6.73	77.50	±5.92	67.40	±6.93	47.97	±7.15	75.03	±6.34
Boosting	74.84	±6.34	77.42	±7.13	64.48	±7.55	45.09	±7.12	72.46	±6.43
RS	76.47	±7.12	80.43	±6.30	64.81	±7.25	55.09	±8.02	76.28	±7.25

Camp	NB		ME		DT		KNN		SVM	
BL	77.24	±5.24	74.41	±6.81	69.67	±4.26	51.59	±4.63	77.76	±3.89
Bagging	77.41	±5.52	78.06	±4.31	72.11	±4.63	51.87	±4.81	78.80	±3.92
Boosting	77.81	±4.50	74.33	±5.67	70.72	±4.15	51.59	±4.63	73.98	±4.14
RS	77.01	±5.42	74.55	±4.82	73.13	±4.49	67.62	±4.80	81.42	±4.63

Doctor	NB		ME		DT		KNN		SVM	
BL	72.27	±4.06	66.26	±4.58	66.66	±3.45	62.73	±3.98	77.61	±3.11
Bagging	72.80	±3.82	70.95	±3.54	70.78	±3.31	62.52	±3.46	79.35	±2.83
Boosting	77.12	±3.66	66.65	±4.01	69.16	±3.38	62.28	±3.90	78.21	±3.31
RS	72.40	±4.17	67.72	±4.12	72.18	±3.32	70.47	±3.74	81.41	±2.97

Drug	NB		ME		DT		KNN		SVM	
BL	68.28	±4.24	66.93	±4.71	56.61	±4.60	51.04	±4.76	65.56	±4.81
Bagging	68.78	±5.36	68.42	±5.72	61.87	±5.02	50.94	±4.93	66.63	±5.10
Boosting	66.46	±5.14	66.46	±4.82	59.06	±5.27	51.04	±4.76	66.03	±4.69
RS	67.80	±4.51	62.50	±5.38	61.57	±4.25	56.16	±5.31	68.88	±4.96

Laptop	NB		ME		DT		KNN		SVM	
BL	77.26	±9.63	92.09	±5.65	58.85	±11.42	49.93	±4.73	73.44	±10.52
Bagging	78.14	±10.14	84.02	±6.75	63.17	±11.40	50.14	±3.65	71.56	±9.92
Boosting	75.57	±9.88	92.09	±5.65	61.55	±11.40	49.93	±4.73	73.44	±10.52
RS	75.62	±9.98	92.20	±5.83	62.32	±9.98	50.71	±5.81	75.85	±10.36

Lawyer	NB		ME		DT		KNN		SVM	
BL	76.50	±7.56	82.59	±8.10	59.68	±8.87	51.91	±3.94	78.45	±8.09
Bagging	77.59	±7.62	77.91	±7.62	64.05	±8.55	51.27	±4.39	78.27	±8.54
Boosting	76.82	±9.66	82.59	±8.10	61.45	±7.95	51.91	±3.94	78.45	±8.09
RS	75.68	±8.26	79.68	±8.11	63.05	±7.82	52.00	±4.10	77.27	±9.36

Movie	NB		ME		DT		KNN		SVM	
BL	76.55	±2.81	57.98	±3.45	60.73	±2.87	51.57	±2.47	71.76	±2.91
Bagging	75.96	±2.68	61.17	±3.07	68.09	±2.91	51.94	±2.89	74.76	±2.84

Music	NB		ME		DT		KNN		SVM	
BL	64.29	±6.32	61.11	±8.01	53.92	±6.22	50.35	±5.96	69.28	±5.61
Bagging	65.29	±6.90	67.58	±6.70	58.56	±6.44	50.66	±5.39	68.96	±5.50

续表

Movie										
	NB		ME		DT		KNN		SVM	
Boosting	75.93	±2.96	57.98	±3.45	66.49	±3.31	51.57	±2.47	71.76	±2.91
RS	75.85	±2.99	74.33	±2.90	67.36	±2.95	54.15	±3.49	75.40	±2.34
Radio										
	NB		ME		DT		KNN		SVM	
BL	70.41	±3.88	82.71	±3.36	56.25	±4.16	58.20	±4.34	70.94	±4.62
Bagging	69.80	±4.29	76.52	±3.58	59.88	±4.53	58.29	±4.48	71.09	±4.28
Boosting	70.97	±4.07	79.54	±3.80	56.93	±3.97	57.42	±4.50	68.50	±4.52
RS	70.19	±4.26	75.31	±4.53	59.37	±4.65	62.10	±3.88	73.78	±4.20

Music										
	NB		ME		DT		KNN		SVM	
Boosting	67.25	±6.10	61.11	±8.01	57.46	±5.84	50.35	±5.96	62.68	±7.68
RS	65.05	±6.56	66.91	±6.05	57.15	±6.71	55.61	±7.34	72.02	±4.26
TV										
	NB		ME		DT		KNN		SVM	
BL	66.98	±6.35	71.28	±6.19	56.17	±6.14	50.77	±2.14	70.55	±6.85
Bagging	66.43	±6.11	65.13	±5.31	55.79	±5.92	50.55	±2.16	69.96	±6.47
Boosting	66.98	±6.20	71.28	±6.19	56.89	±5.92	50.77	±2.14	70.55	±6.85
RS	67.19	±6.54	64.38	±5.47	56.00	±6.23	51.57	±4.25	70.00	±7.76

表 3.5　实验结果（Bigram-TF）

（单位：%）

Camera	NB		ME		DT		KNN		SVM	
BL	78.15	±5.50	80.83	±5.50	62.22	±6.29	46.67	±5.64	74.52	±5.77
Bagging	78.03	±5.35	77.77	±5.63	66.99	±7.39	47.91	±6.26	75.44	±5.48
Boosting	74.72	±6.08	75.90	±5.91	65.33	±6.84	45.72	±5.80	72.56	±6.32
RS	76.99	±4.71	79.56	±4.13	66.13	±6.09	55.48	±5.80	76.13	±5.52
Doctor	**NB**		**ME**		**DT**		**KNN**		**SVM**	
BL	72.41	±4.42	66.10	±3.86	67.09	±3.95	62.31	±3.84	77.27	±3.56
Bagging	72.59	±4.55	70.49	±3.74	71.48	±3.91	61.94	±3.78	78.31	±3.28
Boosting	77.58	±4.36	66.36	±4.22	68.64	±3.92	62.04	±3.35	77.83	±3.45
RS	72.40	±4.39	66.33	±2.98	72.20	±3.96	70.11	±4.24	80.75	±3.19
Laptop	**NB**		**ME**		**DT**		**KNN**		**SVM**	
BL	77.04	±8.62	92.45	±5.97	57.78	±11.36	49.54	±3.42	74.29	±11.44
Bagging	77.70	±7.68	86.71	±6.84	61.65	±8.81	50.05	±2.97	74.47	±10.58
Boosting	74.08	±10.27	92.45	±5.97	63.84	±8.96	49.54	±3.42	74.29	±11.44
RS	76.41	±9.84	92.62	±5.75	61.24	±8.93	50.34	±3.61	76.02	±12.25
Movie	**NB**		**ME**		**DT**		**KNN**		**SVM**	
BL	76.70	±2.24	58.73	±3.60	60.82	±3.18	51.50	±2.09	72.62	±3.23
Bagging	76.43	±2.43	60.63	±2.79	67.92	±3.71	51.87	±2.39	74.81	±2.93

Camp	NB		ME		DT		KNN		SVM	
BL	77.23	±4.72	74.05	±6.97	69.69	±4.32	51.33	±5.04	78.58	±4.01
Bagging	77.35	±4.80	77.97	±4.14	71.91	±4.20	51.74	±4.84	79.33	±3.69
Boosting	77.35	±5.03	74.43	±5.22	71.38	±5.37	51.33	±5.04	74.66	±3.39
RS	77.84	±5.63	73.39	±4.13	71.91	±5.31	67.25	±4.86	81.24	±4.55
Drug	**NB**		**ME**		**DT**		**KNN**		**SVM**	
BL	68.37	±5.48	66.77	±5.01	57.47	±5.43	51.16	±4.50	65.10	±4.80
Bagging	68.62	±4.97	67.20	±5.05	60.84	±5.04	50.81	±4.31	66.28	±5.11
Boosting	66.83	±4.69	66.10	±5.01	59.26	±5.27	51.25	±4.57	66.00	±4.91
RS	67.79	±5.45	63.29	±6.06	61.48	±5.39	56.21	±5.31	69.12	±4.43
Lawyer	**NB**		**ME**		**DT**		**KNN**		**SVM**	
BL	76.91	±7.96	81.00	±7.23	59.00	±10.11	52.00	±3.44	80.27	±7.40
Bagging	76.82	±7.71	77.36	±7.06	63.45	±10.29	52.09	±4.40	78.73	±7.56
Boosting	75.64	±7.47	81.00	±7.23	61.91	±9.96	52.00	±3.44	80.27	±7.40
RS	75.91	±7.66	80.91	±9.18	62.45	±9.62	53.91	±6.26	76.00	±7.48
Music	**NB**		**ME**		**DT**		**KNN**		**SVM**	
BL	64.90	±5.20	60.30	±7.86	53.47	±5.98	50.10	±6.13	69.68	±5.39
Bagging	65.70	±5.24	64.45	±6.08	58.49	±5.52	50.10	±5.90	69.16	±6.26

续表

Movie											Music										
	NB		ME		DT		KNN		SVM			NB		ME		DT		KNN		SVM	
Boosting	75.75	±3.04	58.73	±3.60	66.56	±3.08	51.50	±2.09	72.62	±3.23	Boosting	66.90	±6.15	60.30	±7.86	57.28	±5.57	50.10	±6.13	62.30	±5.15
RS	76.08	±2.39	74.57	±2.87	67.91	±3.25	54.59	±2.93	75.61	±3.26	RS	65.42	±4.80	68.39	±5.37	57.34	±6.34	56.53	±5.33	72.10	±6.12
Radio											TV										
	NB		ME		DT		KNN		SVM			NB		ME		DT		KNN		SVM	
BL	70.42	±4.18	82.45	±3.71	56.29	±4.33	58.07	±4.00	71.68	±4.26	BL	66.72	±6.72	70.34	±6.93	55.02	±5.19	51.11	±2.85	69.91	±7.17
Bagging	70.04	±4.59	76.24	±4.23	58.87	±3.95	58.09	±3.66	71.01	±4.16	Bagging	66.55	±6.58	64.11	±6.85	57.83	±6.84	50.60	±2.27	68.94	±7.17
Boosting	70.80	±4.25	79.46	±4.11	56.59	±3.90	57.07	±4.23	69.05	±4.56	Boosting	65.11	±6.67	70.34	±6.93	57.06	±6.42	51.11	±2.85	69.91	±7.17
RS	70.42	±4.26	75.96	±4.93	59.86	±4.25	62.37	±4.72	74.48	±4.23	RS	66.43	±7.51	66.13	±6.50	55.57	±5.64	51.02	±3.67	68.47	±6.45

表 3.6　实验结果（Bigram-TF-IDF）　（单位：%）

Camera	NB		ME		DT		KNN		SVM	
BL	77.44	±6.20	80.86	±5.40	61.33	±5.42	46.48	±6.49	74.51	±5.75
Bagging	76.99	±6.36	76.82	±4.88	66.99	±6.93	47.97	±6.32	75.92	±5.86
Boosting	73.67	±6.78	77.24	±5.86	65.02	±7.64	45.95	±6.25	73.42	±5.20
RS	76.35	±6.13	80.85	±4.39	66.64	±6.16	55.50	±7.38	77.12	±5.16

Camp	NB		ME		DT		KNN		SVM	
BL	77.26	±4.62	73.86	±5.03	68.71	±4.22	51.10	±5.51	78.65	±4.40
Bagging	77.45	±4.60	77.65	±4.68	72.04	±4.55	51.46	±5.34	79.12	±4.28
Boosting	77.56	±4.76	73.94	±4.66	70.87	±4.66	51.10	±5.51	74.33	±4.83
RS	76.59	±4.04	74.66	±4.32	72.21	±3.66	67.24	±4.36	81.59	±4.13

Doctor	NB		ME		DT		KNN		SVM	
BL	72.27	±3.54	65.93	±6.19	67.52	±3.38	62.69	±4.09	77.22	±3.07
Bagging	72.79	±3.80	70.97	±3.96	70.99	±3.51	62.27	±3.87	78.89	±3.40
Boosting	76.80	±3.52	65.32	±5.45	69.21	±3.62	62.36	±4.02	78.10	±2.97
RS	72.30	±3.47	66.35	±3.45	71.72	±3.00	70.31	±3.69	81.17	±3.31

Drug	NB		ME		DT		KNN		SVM	
BL	67.92	±4.77	67.66	±5.69	56.67	±5.96	50.73	±5.28	65.09	±4.69
Bagging	68.17	±4.71	67.87	±5.20	60.56	±4.51	50.99	±5.44	66.47	±4.78
Boosting	66.53	±4.51	66.86	±6.02	58.63	±5.43	51.05	±5.22	65.79	±4.73
RS	67.45	±4.73	63.63	±5.48	60.84	±4.60	56.51	±4.35	68.88	±4.17

Laptop	NB		ME		DT		KNN		SVM	
BL	76.46	±10.12	92.05	±6.05	58.95	±11.31	49.32	±4.54	72.42	±9.29
Bagging	75.90	±9.99	85.80	±6.90	60.31	±10.17	50.44	±3.47	72.44	±10.03
Boosting	75.33	±9.39	92.05	±6.05	61.24	±10.59	49.32	±4.54	72.42	±9.29
RS	76.33	±11.21	90.92	±6.26	60.27	±11.05	50.55	±4.13	75.59	±9.81

Lawyer	NB		ME		DT		KNN		SVM	
BL	76.18	±8.40	81.64	±8.62	60.18	±8.50	51.55	±2.98	79.00	±7.42
Bagging	77.36	±8.30	76.36	±8.03	62.64	±7.77	51.82	±3.17	77.45	±7.13
Boosting	75.55	±8.85	81.64	±8.62	62.82	±9.78	51.55	±2.98	79.00	±7.42
RS	75.18	±8.28	79.18	±8.43	62.45	±7.96	53.18	±5.27	76.27	±7.15

Movie	NB		ME		DT		KNN		SVM	
BL	76.59	±2.79	58.36	±3.22	60.41	±3.79	51.70	±2.32	72.08	±2.88
Bagging	76.51	±2.82	55.48	±3.30	68.31	±3.01	52.26	±2.59	74.05	±3.34

Music	NB		ME		DT		KNN		SVM	
BL	64.32	±6.73	60.22	±7.93	53.81	±6.97	50.38	±4.43	68.48	±6.42
Bagging	64.93	±6.83	63.80	±6.16	58.86	±5.44	50.24	±4.56	70.10	±6.03

续表

	Movie											Music									
	NB		ME		DT		KNN		SVM			NB		ME		DT		KNN		SVM	
Boosting	75.93	±3.01	58.36	±3.22	66.69	±2.70	51.70	±2.32	72.08	±2.88	Boosting	66.29	±6.16	60.22	±7.93	55.63	±6.81	50.38	±4.43	63.02	±5.69
RS	76.06	±2.83	74.77	±2.81	67.60	±2.88	54.43	±2.66	75.71	±2.74	RS	64.15	±7.35	67.69	±5.82	57.17	±6.15	56.49	±5.93	72.02	±6.46
	Radio											TV									
	NB		ME		DT		KNN		SVM			NB		ME		DT		KNN		SVM	
BL	70.35	±4.50	82.76	±3.57	55.72	±3.79	57.68	±4.62	71.02	±4.50	BL	67.66	±7.08	71.32	±5.77	56.26	±7.09	50.72	±2.61	70.34	±5.87
Bagging	69.87	±4.10	77.13	±3.94	59.05	±4.67	57.88	±4.60	71.05	±4.94	Bagging	67.40	±6.88	64.83	±5.97	58.85	±7.04	50.43	±2.54	70.55	±6.74
Boosting	71.33	±4.44	80.02	±3.87	57.51	±4.36	57.08	±4.04	68.72	±3.39	Boosting	67.74	±5.85	71.32	±5.77	58.60	±6.59	50.72	±2.61	70.34	±5.87
RS	69.97	±4.41	75.52	±4.94	59.14	±4.55	61.99	±4.20	74.70	±4.27	RS	67.40	±6.29	65.74	±6.42	57.40	±4.92	51.36	±3.78	69.91	±7.40

Laptop 数据集中平均分类精度最高的是 RS-ME 的 92.62%。Lawyer 数据集中平均分类精度最高的是 SVM 的 84.09%。Movie 数据集中平均分类精度最高的是 RS-SVM 的 82.54%。Music 数据集中平均分类精度最高的是 RS-SVM 的 72.13%。Radio 数据集中平均分类精度最高的是 ME 的 82.76%。TV 数据集中平均分类精度最高的是 SVM 的 77.94%。

在这 10 个数据集中，大多数 SVM 和使用 SVM 作为机器学习的集成学习方法取得了最高的平均分类精度。这些研究结果表明 SVM 在情感分类中具有更强的竞争力，并且这与以往的研究结果保持一致[72, 74, 88]。此外，RS-SVM 在多数数据集上取得了最高的平均分类精度，并且其他数据集的平均分类精度也与最高平均分类精度相似。平均分类精度最高的集成学习方法大多基于 RS 算法。这可能是由于情感分类问题有成千上万的特征，特征分割方法能更好地解决这个问题。

3.4.2 从集成学习方法角度进行的分析和讨论

为了确保评估并不是偶然发生的，本书测试了这些实验结果的可靠性。根据文献[89]～文献[92]，首先进行一次伊曼-达文波特（Iman-Davenport）测试，以确定这些方法间是否有显著差异；然后进行威尔科克森（Wilcoxon）测试。

$$R^{+} = \sum_{d_i > 0} \text{rank}(d_i) + \frac{1}{2}\sum_{d_i = 0} \text{rank}(d_i) \tag{3.2}$$

$$R^{-} = \sum_{d_i < 0} \text{rank}(d_i) + \frac{1}{2}\sum_{d_i = 0} \text{rank}(d_i) \tag{3.3}$$

式中，d_i 为数据集中方法的误差值之间的差异，这些差异根据其绝对值排序，在相等关系时使用平均排序值；R^{+} 为第二种方法优于第一种方法时数据集的排名；R^{-} 为第一种方法优于第二种方法时数据集的排名。令 T 为两个和的较小值，N 为数据集数量。当 N 较小时，存在 T 的确切临界值。当 N 较大时，统计量 z 近似 $N(0, 1)$ 分布。

$$z = \frac{T - \frac{1}{4}N(N+1)}{\sqrt{\frac{1}{24}N(N+1)(2N+1)}} \tag{3.4}$$

此外，本书使用文献[93]中的统计数据来比较两种方法在所有数据集上的结果，即 win/draw/loss 值。win/draw/loss 值分别表示方法 A 能比方法 B 得到更好的、相同的或者更差的分类精度的数据集数量。实验记录了置信度在 0.05 水平上配对 t 检验的结果。

表 3.7～表 3.12 显示了不同方法之间的比较。其中，s 表示 win/draw/loss 值，其第一个值是 row＜col 的数据集数量，第二个值是 row＝col 的数据集数量，最后一个值是 row＞col 的数据集数量。p_w 表示 Wilcoxon 测试的结果。对于所有的方法，Iman-Daveport 测试的 p 值取 0.000 时，表现出显著差异。

表 3.7　Wilcoxon 测试结果（Unigram-TP）

	Bagging NB		Boosting NB		RS NB	
	s	p_w	s	p_w	s	p_w
NB	2/3/5	1.812	6/3/1	7.434**	0/3/7	5.338**
Bagging NB			6/2/2	8.031**	0/3/7	2.384*
Boosting NB					2/2/6	8.996**
	Bagging ME		Boosting ME		RS ME	
	s	p_w	s	p_w	s	p_w
ME	3/2/5	2.828**	0/8/2	8.514**	5/2/3	6.996**
Bagging ME			5/1/4	6.141**	7/0/3	7.709**
Boosting ME					6/2/2	9.654**
	Bagging DT		Boosting DT		RS DT	
	s	p_w	s	p_w	s	p_w
DT	10/0/0	19.700**	10/0/0	19.688**	10/0/0	19.884**
Bagging DT			3/0/7	3.332**	5/0/5	0.138
Boosting DT					7/2/1	3.080**
	Bagging KNN		Boosting KNN		RS KNN	
	s	p_w	s	p_w	s	p_w
KNN	3/0/7	2.689**	0/8/2	2.725**	9/0/1	14.280**
Bagging KNN			6/0/4	2.092*	9/1/0	15.433**
Boosting KNN					9/1/0	14.547**
	Bagging SVM		Boosting SVM		RS SVM	
	s	p_w	s	p_w	s	p_w
SVM	7/2/1	7.305**	1/6/3	0.880	7/1/2	9.942**
Bagging SVM			1/1/8	7.612**	7/1/2	5.749**
Boosting SVM					7/1/2	10.030**

* p 值在 $\alpha=0.05$ 时显著

** p 值在 $\alpha=0.01$ 时显著

表 3.8　Wilcoxon 测试结果（Unigram-TF）

	Bagging NB		Boosting NB		RS NB	
	s	p_w	s	p_w	s	p_w
NB	6/2/2	2.679**	7/1/2	9.306**	2/4/4	0.912
Bagging NB			6/2/2	7.959**	1/3/6	2.785**
Boosting NB					2/2/6	9.635**
	Bagging ME		Boosting ME		RS ME	
	s	p_w	s	p_w	s	p_w
ME	3/2/5	1.134	2/8/0	11.035**	4/0/6	0.027
Bagging ME			6/3/1	4.086**	5/0/5	0.094
Boosting ME					4/0/6	3.467**
	Bagging DT		Boosting DT		RS DT	
	s	p_w	s	p_w	s	p_w
DT	10/0/0	20.779**	10/0/0	20.928**	10/0/0	19.162**
Bagging DT			2/1/7	3.331**	2/3/5	1.890
Boosting DT					6/0/4	1.580
	Bagging KNN		Boosting KNN		RS KNN	
	s	p_w	s	p_w	s	p_w
KNN	3/2/5	3.224**	0/8/2	3.520**	9/1/0	12.992**
Bagging KNN			4/2/4	2.314*	10/0/0	14.153**
Boosting KNN					10/0/0	13.514**
	Bagging SVM		Boosting SVM		RS SVM	
	s	p_w	s	p_w	s	p_w
SVM	6/0/4	5.073**	1/8/1	0.625	7/0/3	8.455**
Bagging SVM			3/0/7	5.386**	6/3/1	5.213**
Boosting SVM					7/0/3	8.478**

* p 值在 $\alpha = 0.05$ 时显著

** p 值在 $\alpha = 0.01$ 时显著

表 3.9　Wilcoxon 测试结果（Unigram-TF-IDF）

	Bagging NB		Boosting NB		RS NB	
	s	p_w	s	p_w	s	p_w
NB	5/3/2	0.707	4/2/4	3.434**	1/4/5	5.328**
Bagging NB			4/3/3	3.816**	1/1/8	4.935**
Boosting NB					3/1/6	0.728

续表

	Bagging ME		Boosting ME		RS ME	
	s	p_w	s	p_w	s	p_w
ME	4/1/5	1.647	0/7/3	9.038**	7/0/3	8.686**
Bagging ME			5/1/4	4.353**	7/0/3	8.571**
Boosting ME					8/1/1	11.238**
	Bagging DT		Boosting DT		RS DT	
	s	p_w	s	p_w	s	p_w
DT	10/0/0	18.146**	8/0/2	11.090**	9/0/1	15.448**
Bagging DT			1/0/9	9.835**	2/2/6	4.124**
Boosting DT					7/1/2	5.395**
	Bagging KNN		Boosting KNN		RS KNN	
	s	p_w	s	p_w	s	p_w
KNN	4/2/4	1.120	1/9/0	2.027*	9/1/0	19.895**
Bagging KNN			5/1/4	1.308	10/0/0	19.634**
Boosting KNN					9/1/0	19.903**
	Bagging SVM		Boosting SVM		RS SVM	
	s	p_w	s	p_w	s	p_w
SVM	6/1/3	3.007**	0/5/5	13.400**	6/0/4	6.080**
Bagging SVM			2/0/8	12.403**	6/1/3	3.781**
Boosting SVM				13.400**	8/0/2	13.386**

* p 值在 $\alpha=0.05$ 时显著

** p 值在 $\alpha=0.01$ 时显著

表 3.10　Wilcoxon 测试结果（Bigram-TP）

	Bagging NB		Boosting NB		RS NB	
	s	p_w	s	p_w	s	p_w
NB	5/1/4	1.826	4/2/4	1.806	1/3/6	3.037**
Bagging NB			5/1/4	0.351	2/2/6	3.246**
Boosting NB					2/3/5	3.125**
	Bagging ME		Boosting ME		RS ME	
	s	p_w	s	p_w	s	p_w
ME	5/0/5	4.430**	1/6/3	7.994**	3/2/5	0.643
Bagging ME			4/1/5	1.025	4/0/6	3.518**
Boosting ME					4/2/4	1.785

续表

	Bagging DT		Boosting DT		RS DT	
	s	p_w	s	p_w	s	p_w
DT	9/0/1	16.971**	10/0/0	11.558**	9/1/0	15.654**
Bagging DT			1/0/9	8.325**	2/1/7	1.833
Boosting DT					8/0/2	6.787**
	Bagging KNN		Boosting KNN		RS KNN	
	s	p_w	s	p_w	s	p_w
KNN	4/3/3	2.799**	0/7/3	4.348**	9/1/0	20.014**
Bagging KNN			2/2/6	4.571**	10/0/0	19.539**
Boosting KNN					9/1/0	20.234**
	Bagging SVM		Boosting SVM		RS SVM	
	s	p_w	s	p_w	s	p_w
SVM	5/2/3	5.110**	2/4/4	9.468**	8/0/2	14.399**
Bagging SVM			2/1/7	10.636**	8/1/1	11.257**
Boosting SVM					8/0/2	16.747**

** p 值在 $\alpha=0.01$ 时显著

表 3.11 Wilcoxon 测试结果（Bigram-TF）

	Bagging NB		Boosting NB		RS NB	
	s	p_w	s	p_w	s	p_w
NB	4/4/2	0.492	3/1/6	1.617	2/3/5	2.760**
Bagging NB			3/1/6	1.970*	2/1/7	2.417*
Boosting NB					6/1/3	0.172
	Bagging ME		Boosting ME		RS ME	
	s	p_w	s	p_w	s	p_w
ME	5/0/5	5.528**	1/6/3	8.257**	3/2/5	1.316
Bagging ME			4/0/6	1.299	6/1/3	6.442**
Boosting ME					3/3/4	4.891**
	Bagging DT		Boosting DT		RS DT	
	s	p_w	s	p_w	s	p_w
DT	10/0/0	16.999**	10/0/0	13.505**	10/0/0	15.997**
Bagging DT			1/0/9	5.690**	3/3/4	0.916
Boosting DT					6/2/2	4.701**

续表

	Bagging KNN		Boosting KNN		RS KNN	
	s	p_w	s	p_w	s	p_w
KNN	4/3/3	1.593	1/6/3	3.872**	9/1/0	21.072**
Bagging KNN			2/3/5	3.410**	10/0/0	20.579**
Boosting KNN					9/1/0	21.489**
	Bagging SVM		Boosting SVM		RS SVM	
	s	p_w	s	p_w	s	p_w
SVM	5/1/4	2.644**	2/4/4	10.145**	8/0/2	10.074**
Bagging SVM			2/1/7	9.825**	8/0/2	8.979**
Boosting SVM					8/0/2	14.093**

* p 值在 $\alpha = 0.05$ 时显著

** p 值在 $\alpha = 0.01$ 时显著

表 3.12　Wilcoxon 测试结果（Bigram-TF-IDF）

	Bagging NB		Boosting NB		RS NB	
	s	p_w	s	p_w	s	p_w
NB	5/2/3	0.902	4/1/5	0.739	0/4/6	5.265**
Bagging NB			4/1/5	0.387	0/3/7	4.662**
Boosting NB					3/1/6	3.606**
	Bagging ME		Boosting ME		RS ME	
	s	p_w	s	p_w	s	p_w
ME	3/1/6	9.318**	0/6/4	8.021**	3/2/5	0.122
Bagging ME			6/0/4	5.448**	6/0/4	6.209**
Boosting ME					5/0/5	3.318**
	Bagging DT		Boosting DT		RS DT	
	s	p_w	s	p_w	s	p_w
DT	10/0/0	16.425**	10/0/0	12.603**	10/0/0	15.465**
Bagging DT			1/2/7	6.083**	2/5/3	2.050*
Boosting DT					7/1/2	4.906**
	Bagging KNN		Boosting KNN		RS KNN	
	s	p_w	s	p_w	s	p_w
KNN	6/2/2	3.473**	1/6/3	1.980*	10/0/0	21.312**
Bagging KNN			1/4/5	4.786**	9/1/0	20.104**
Boosting KNN					10/0/0	21.469**

续表

	Bagging SVM		Boosting SVM		RS SVM	
	s	p_w	s	p_w	s	p_w
SVM	6/3/1	7.611**	2/4/4	9.391**	8/1/1	14.287**
Bagging SVM			1/2/7	12.154**	8/0/2	10.191**
Boosting SVM					8/1/1	16.576**

* p 值在 $\alpha = 0.05$ 时显著

** p 值在 $\alpha = 0.01$ 时显著

ME 和使用 Bigram-TF-IDF 作为特征的集成学习相关算法之外的所有分类都至少有一个集成学习方法比基分类器取得更好的实验结果，验证了集成学习方法在文本情感分类问题中应用的有效性。

此外，实验中也观察到一些有趣的现象。首先，在三个集成学习方法中，除非使用 DT 作为基学习器，否则 Boosting 分类精度很低。这可能是由于 BOW 框架直接将文本信息转换成空间向量，向量空间包含很多冗余特征和一些噪声。已有实验和理论研究表明，Boosting 很容易受到噪声数据的影响[76, 89, 94]。然后，使用 DT 为基学习器的集成学习方法都产生更好的比较结果。这个结果与之前的研究一致[10, 14, 76, 89]，同时可以解释之前研究人员更倾向于选择 DT 为基学习器进行测试和验证其集成学习方法的原因。最后，RS 在使用 DT、KNN 和 SVM 为基学习器时产生较好的比较结果，但在使用 NB 为基学习器时产生较差的比较结果。这可能是由于本实验的默认 RS 子空间比率设置为 0.5，而 NB 对特征集的大小比较敏感。

3.4.3　从基学习器角度进行的分析和讨论

从学习器的角度，10 个数据集中不同方法的平均分类精度如图 3.5 和图 3.6 所示。首先，RS-SVM 使用 Unigram 特性集时的最好平均分类精度为 78.50%、77.83%、75.64%，使用 Bigram 特性集时的最好平均分类精度为 75.23%、74.99%、75.23%。这些结果进一步证明，在 20 个分类器中，RS-SVM 应用于情感分类问题具有明显的优势。然后，当使用 Unigram 特性集时，SVM 和 NB 在 BL 组、Bagging 组、Boosting 组和 RS 组有更好的结果。当使用 Bigram 特性集时，SVM、NB 和 ME 在 BL 组、Bagging 组、Boosting 组和 RS 组取得了更好的结果。这些结果与之前的研究结果相一致[66, 72, 74]，也进一步验证了 SVM、NB 和 ME 是情感分类中最常用的机器学习方法[3, 66]。最后，KNN 和使用 KNN 作为基学习器的集成学习方法都会在不同的组产生最差的结果。DT 和使用 DT 作为基学习器的集成学习方法都会在不同的组产生次差的结果。这也与之前的研究结果一致[3, 66, 95]。主要原

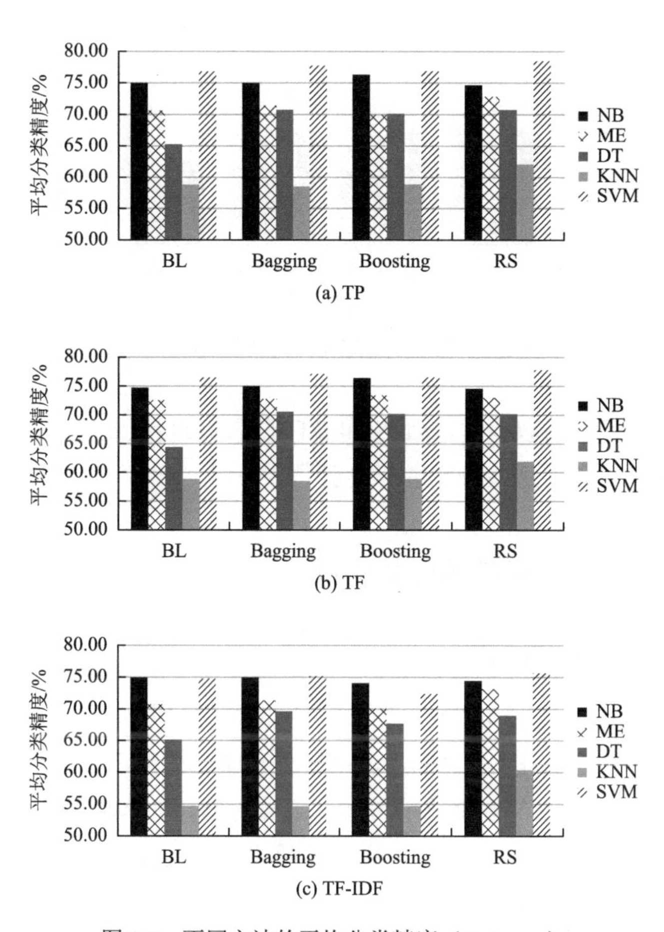

(a) TP

(b) TF

(c) TF-IDF

图 3.5　不同方法的平均分类精度（Unigram）

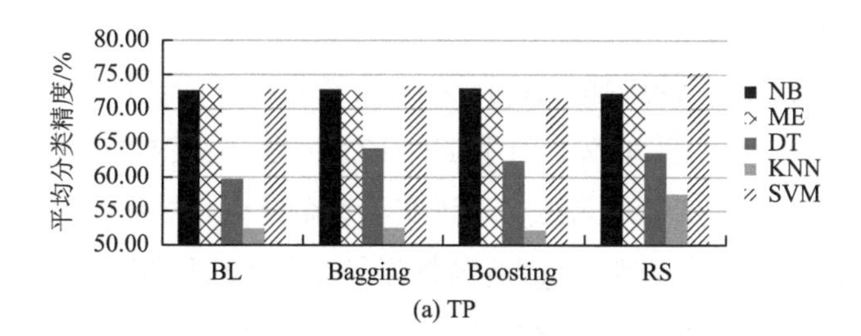

(a) TP

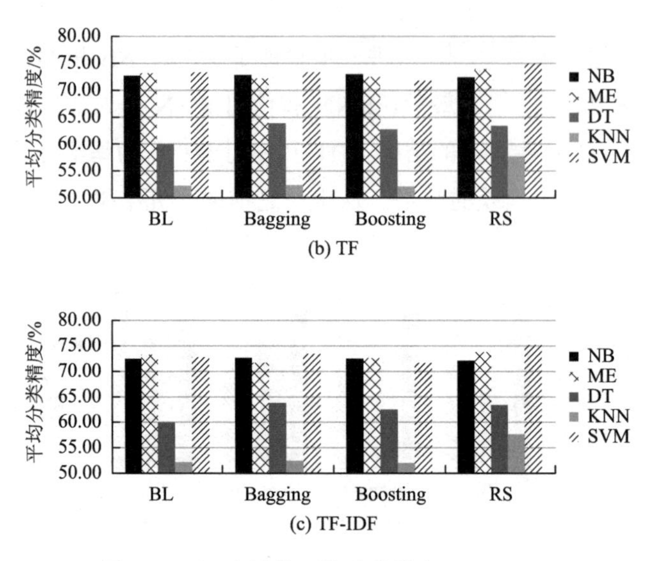

图 3.6　不同方法的平均分类精度（Bigram）

因在于当分类特征相对较少时，KNN 和 DT 还可以对特征进行识别；一旦分类特征很大，它们就难以对这些特征进行识别[95]。

3.4.4　从特征集角度进行的分析和讨论

为了比较不同的权重计算方法的有效性，本书以 Unigram-TP 方法为基础，其他 5 个方法（Unigram-TF、Unigram-TF-IDF、Bigram-TP、Bigram-TF 和 Bigram-TF-IDF 方法）的平均分类精度相对于 Unigram-TP 方法的改进值定义为

$$\text{Accurac improvement}=\frac{\text{AverageAccuracy}_{\text{Unigram-TP}}-\text{AverageAccuracy}_{\text{Compared}}}{\text{AverageAccuracy}_{\text{Compared}}} \qquad (3.5)$$

为此，得到如图 3.7～图 3.11 所示的实验结果。如图 3.7～图 3.11 所示，Unigram-TP 方法是 NB、DT、KNN、SVM，以及以这些方法作为基学习器的集成学习方法的最佳选择。对 ME 以及以其作为基学习器的集成学习方法来说，Unigram-TP 方法是最差的选择，Bigram-TP 方法是最好的选择。这些结果与之前的研究结果也相一致[72, 74]。首先，对于 TP 和 TF 问题[3]，文本情感分类的精度并没有因使用 TF 而提高，实验结果进一步证实了这个结论。然后，对于高阶 *N*-gram 是否有用问题，实验结果表明 Bigram 特性集只有在 ME 以及以其作为基学习器的集成学习方法中得到了更好的结果。最后，对于 Camera、Laptop 和 Radio 数据集，

最好的分类结果均来自 Bigram 特性集。这是一个有争议的问题，并且分类的结果主要取决于分类器和数据集[3]。

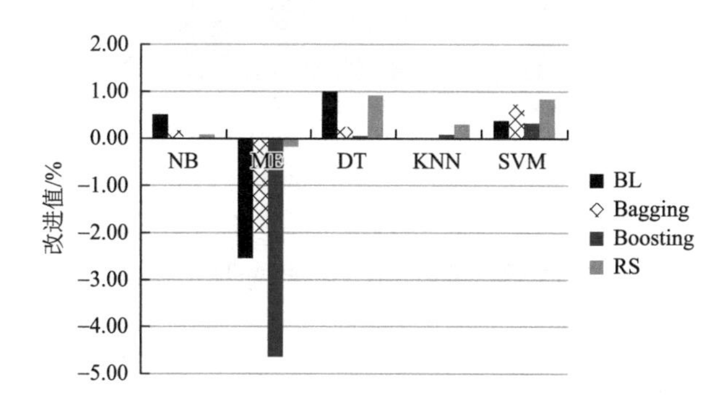

图 3.7　平均分类精度改进值（Unigram-TP 和 Unigram-TF）

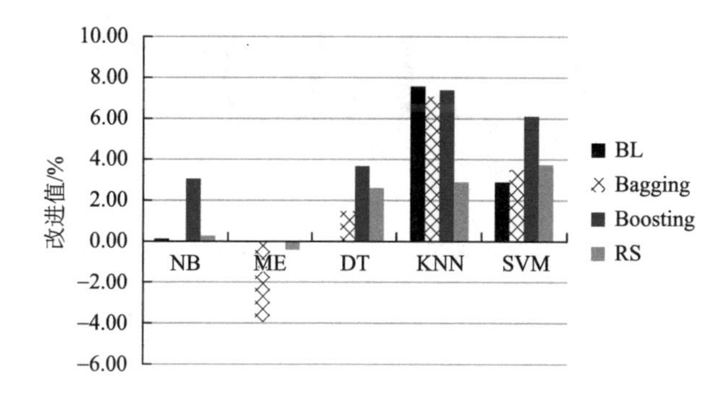

图 3.8　平均分类精度改进值（Unigram-TP 和 Unigram-TF-IDF）

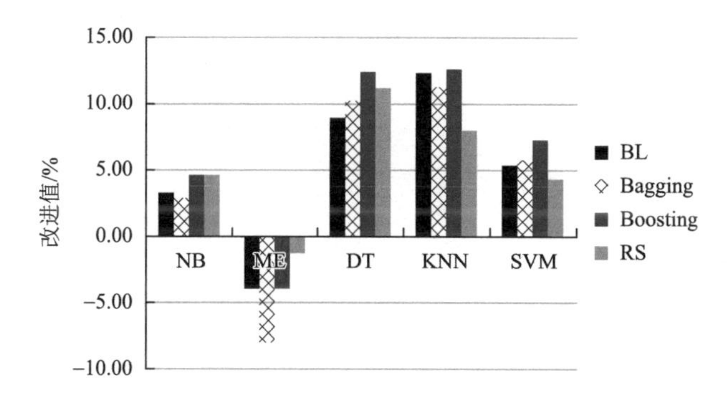

图 3.9　平均分类精度改进值（Unigram-TP 和 Bigram-TP）

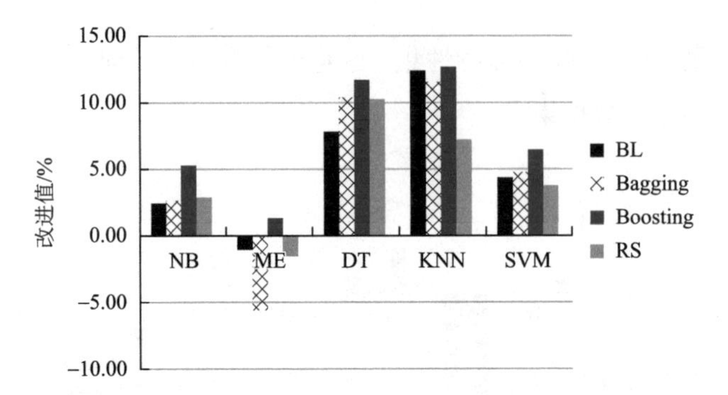

图 3.10　平均分类精度改进值（Unigram-TP 和 Bigram-TF）

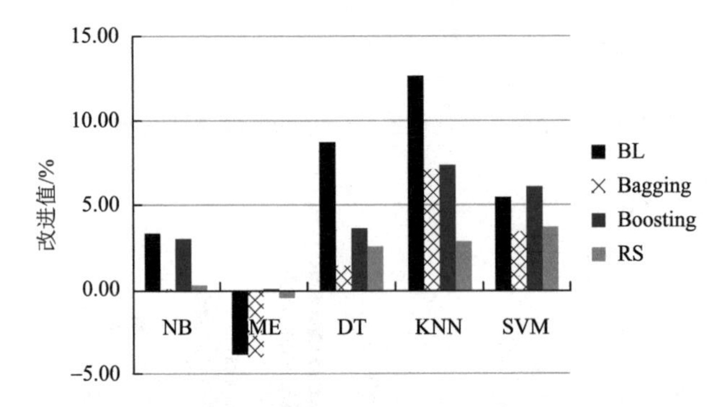

图 3.11　平均分类精度改进值（Unigram-TP 和 Bigram-TF-IDF）

第4章　基于POS-RS的文本情感分类研究

4.1　概　　述

随着Web2.0的兴起，评论、评级、推荐等个人观点和其他形式的用户生成内容吸引了学者的广泛兴趣[3]，并且这些海量、快速增长的信息为政府、企业和用户提供了潜在的价值[96]。这些用户生成内容中蕴含着用户的观点或者用户对于某事物的看法[68]，称为文本情感。在现实中，文本情感得到广泛的应用[3]。对2000名美国消费者的调查结果显示，73%～87%的消费者认为用户对餐厅、酒店等服务的在线评论对他们的购买行为产生了重要的影响，并且相对于评级为四星的产品，消费者更愿意购买评级为五星的产品[3, 97]。文本情感不仅对消费者有着重要作用，而且可以在其他系统中发挥重要的作用[3]。例如，文本情感可以对推荐系统进行补充，由推荐系统推荐并得到很多积极反馈的产品可能获得更加准确的推荐；文本情感分类可以应用于政府活动中，如政府用于监控正面或负面的言论[98]。综上所述，文本情感分类已经成为学术界和产业界的热门研究课题之一[66, 69, 70]。

文本情感分类问题主要采用基于启发式的方法和机器学习方法[3, 66]。基于启发式的方法主要用于结合语言学属性和语义特征。例如，Turney[8]用互信息来计算其他短语标签和预定义情感词的得分，从而识别文本的情感倾向。与此同时，许多学者专注于利用机器学习方法来进行情感分类，如SVM和NB方法。Pang等[1]对情感分类进行了实证研究，实验结果验证了SVM优于NB等分类方法。近年来，集成学习方法得到越来越多学者的关注，集成学习通过对若干基分类器的结果进行集成来提高分类精度[10, 99]。已有的研究表明，Bagging、Boosting和层叠（Stacking）算法在情感分类中取得的分类结果比单个机器学习方法取得的分类结果要好[73, 74, 88, 99]。RS算法作为重要的集成学习方法，已经成功应用于很多问题中，但在文本情感分类领域关注较少。RS算法主要采用子空间比率作为参数来控制基分类器间的差异性。然而，集成学习的分类效果不仅与基分类器间的差异性有关，还与基分类器的分类准确性有关。从多目标优化的角度来看，需要一个协同机制来同时兼顾基分类器的准确性和差异性。因此，本书基于词性分析提出新的文本情感分类方法——POS-RS 算法，该方法采用内容词（content word）子空间比率和功能词（function word）子空间比率两个参数来协调基分类器的准确性和差异性。通过在 10 个公共情感数据集上的实验表明，POS-RS 算法取得了比其他方法都好的实验结果。相对于 SVM，POS-RS 算法可以同时减小偏差和方差，并在 10 个数据集上均取得了最小偏差。

4.2 基于 POS-RS 的文本情感分类模型

尽管集成学习的概念已被提出多年，并且已经提出多种集成学习方法，但目前对于集成学习还缺乏系统的理论分析。在实践中，好的集成学习方法必须满足两个条件：准确性和差异性[78]，即基学习器必须要比随机猜测更加准确，并且每个基学习器必须有关于分类问题自己的理论，并与其他基学习器的出错模式不同。

目前集成学习方法主要可以分为两类：基于数据划分的方法和基于特征划分的方法[10, 100]。其中，基于数据划分的方法主要有 Bagging 和 Boosting 算法，基于特征划分的方法主要有 RS 算法。RS 算法的训练集改进方式与 Bagging 算法相同，但该算法是基于特征空间而不是数据空间改进的[75]。RS 算法的优点在于利用 RS 来构建和集成基分类器[101, 102]。与其他集成学习方法相比，RS 算法更加适合解决文本情感分类问题，主要原因在于文本情感分类本质上是文本分类问题，存在大量相关和冗余的特征。当数据集中存在大量相关和冗余的特征时，在 RS 上可以获得比在原始特征空间上更好的基分类器[75]，这些基分类器的集成结果比在原始特征数据集上生成的分类器取得的结果要好。

虽然 RS 算法存在很多优势，但已有研究对 RS 算法在文本情感分类领域的应用关注较少。本书基于文本情感分类的特点，提出新的 RS 算法——POS-RS 算法，该方法基于词性分析来进行情感分类。POS-RS 算法主要分为两步：构建特征子集和训练基分类器，总体流程如图 4.1 所示。

4.2.1 特征选取

基分类器的准确性和差异性是影响集成学习性能的两个重要因素。与其他多目标优化问题类似，如何平衡这两个因素缺乏理论指导。研究表明，RS 和 Bagging 算法有各自的应用领域，AdaBoost 算法通常是最好的分类方法[94, 103]。Bagging 算法采用自助的方式复制训练集，通过有放回地随机抽取整个训练集，得到不同的训练子集[14]。Boosting 算法通过循环更新样本权重的方式来产生不同的基分类器，在下一轮循环中提高错分样本的权重[13]。与基于数据划分的方法不同，RS 算法通过随机选取特征来构建不同的基分类器，随机特征子集用来为基分类器“注入随机性”，以此来增加基分类器间的差异性，但该算法忽略了另一个重要因素：准确性。因此，一个有趣的问题出现了：是否存在能够同时考虑准确性和差异性的机制来进行文本情感分类。

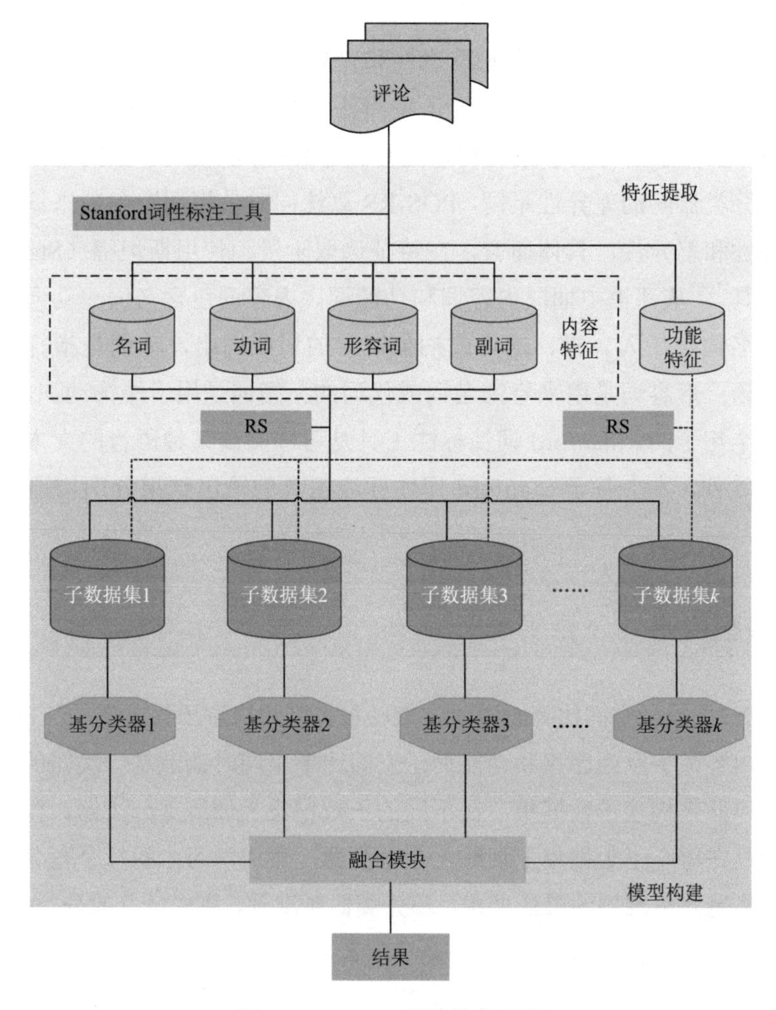

图 4.1　POS-RS 算法总体流程

文本情感分类问题的目标是区分评论的情感，即正面或负面。为了实现这一目标，需要分析评论的语言特性。根据语言学理论，一个句子由许多相关词汇构成。在语法上，英文单词可以分为内容词和功能词[104]。内容词是指一些对象、行为或其他非语言含义的词，主要包括名词、动词、形容词和副词；功能词是没有实际意义的词，主要用于表达语法关系，包括冠词、介词和连词等[104]。虽然很多功能词使句子更流利和完整，但内容词通常比功能词包含更多的信息。WordNet 基于英文词汇数据库构建而成，主要包含名词、动词、形容词和副词，但不包括功能词，以避免这些功能词降低分类器的准确性、延长分类时的计算时间[105-107]。

本书基于词性分析设计平衡准确性和差异性的机制。首先，将评论分为内容词和功能词；其次，使用内容词子空间比率和功能词子空间比率两个参数来调节 POS-RS 算法的特征子集的构建过程。与 RS 算法使用子空间比率一个参数来调节基分类器间的差异性不同，POS-RS 算法同时使用两个参数来调节基分类器的准确性和差异性。具体而言，在特征选取阶段，使用斯坦福（Stanford）词性标注工具[108]从评论中抽取内容词和功能词。内容词包含名词、动词、形容词和副词，名词是指人、物、地点或抽象概念的词或词组，动词是指行为或状态的词或短语；形容词是用来修饰名词或代词的，副词是用于修饰动词、形容词、副词或整个句子的。Stanford 词性标注工具是可以阅读某种语言的文本并可以标注词性的软件，本书基于 Stanford 词性标注工具的输出结果分别构造内容词和功能词。

4.2.2　模型构建

RS 算法采用子空间比率来随机选取特征，以此构建子数据集，在 POS-RS 算法中使用内容词子空间比率和功能词子空间比率来同时调节基分类器的准确性和差异性，以此来构建子数据集。在不同的子数据集上训练基分类器。模型构建模块的目的是在每个子数据集上训练一个分类器，集成学习中的每个基分类器必须满足比随机猜测更准确的最低要求，基分类器越准确，集成学习的分类性能越好。SVM 是最广泛使用的机器学习方法之一，本书选用 SVM 作为基分类器。

在 SVM 中，原始输入空间被映射到高维特征空间上，在高维特征空间中，分类器的泛化能力取决于最优超平面[86, 109]，可以通过最优化原理来寻找最优超平面。给定一组训练集 $\mathrm{TR}_k = \{(x_1^k, y_1^k), \cdots, (x_N^k, y_N^k)\}$，其中，$x_i^k \in R^n$ 为向量空间模型，$y_i \in \{-1, 1\}$ 为二分类问题的类别标签，SVM 试图找到一个分类器 $f(x)$ 以最大限度地减少预期的错误率。线性的分类器 $f(x)$ 是一个超平面，可以表示为 $f(x) = \mathrm{sgn}(w^{\mathrm{T}} x + b)$，利用 SVM 寻找最优分类器 $f(x)$ 等同于求解式（4.1）中的凸二次优化问题。

$$\max_{w,b} \frac{1}{2} \| w^k \|^2 + C^k \sum_{i=1}^{N} \xi_i^k \quad (4.1a)$$

$$y_i(\langle w^k, x_i^k \rangle + b^k) \geqslant 1 - \xi_i^k \quad (\xi_i^k \geqslant 0 ,\ i = 1, \cdots, N) \quad (4.1b)$$

式中，C^k 为正则化参数，用于在训练集 TR_k 上平衡分类器的复杂性和分类精度，这个凸二次优化问题一般通过其对偶公式求解。将所涉及的向量内积转换成非线性的核函数，即将线性的 SVM 转换为更加灵活的非线性的 SVM，这是核映射的本质。所有满足梅塞（Mercer）条件的函数都可以作为核函数[86]。

在训练不同的基分类器之后，另一个问题是如何集成各个基分类器。集成模块的目的是集成不同基分类器的结果，减少 SVM_k 的预测误差。多数投票法是一种流行的集成学习方法，实验和理论已证明其有效性[10, 14]。因此，POS-RS 算法采用多数投票法来集成不同的基分类器。给定一系列基分类器 $\{C_i(x), 1 \leqslant i \leqslant k\}$，多数投票法可表示如下：

$$C^*(x) = \mathrm{sgn}\left\{ \sum_i C_i(x) - \frac{k-1}{2} \right\} \quad (4.2)$$

4.2.3　POS-RS 算法

综合以上分析，POS-RS 算法流程如下：首先，利用 Stanford 词性标注工具将原始特征空间 D 分为内容词集合 D_C 和功能词集合 D_F；其次，从 D_C 和 D_F 中随机选取特征并组合两个特征子集，同时控制内容词子空间比率 r_C 和功能词子空间比率 r_F 两个参数，生成 K 个子数据集；再次，在 K 个子数据集上训练得到 K 个基分类器，本书采用 SVM 作为基分类器；最后，通过多数投票法集成基分类器的预测结果。POS-RS 算法的伪代码如图 4.2 所示。与 RS 算法相比，POS-RS 算法有两个重要参数：内容词子空间比率和功能词子空间比率。

POS-RS(D, r_C, r_F, K, L)

Input: Data set $D=\{(x_1,y_1),(x_2,y_2),\cdots,(x_m,y_m)\}$;

Content lexicon subspace rate r_C;

Function lexicon subspace rate r_F;

Number of learning rounds K;

Base learner L.

Process:

split D into content lexicons D_C and function lexicons D_F using Stanford POS Tagger.

for $t \in \{1, 2, \cdots, K\}$ do

$D_t^C = \text{RS}(D_C, r_C)$

$D_t^F = \text{RS}(D_F, r_F)$

$D_t = \text{Combine}(D_t^C, D_t^F)$

$h_t = L(D_t)$

end of for

Output: $H(x) = \text{argmax}_{y \in Y} \sum_{t=1}^{T} 1(y = h_t(x))$

图 4.2　POS-RS 算法伪代码

4.3 实验设计

为了验证 POS-RS 算法的有效性，本书从各领域选取 10 个公共情感数据集，采用平均分类精度来评价算法的性能，具体指标如式（3.1）所示。

为了验证本书所提出方法的有效性，本书选取一些基准方法进行对比实验。虽然 Stacking 算法通常用于情感分类，但从理论上讲，很难对 Stacking 算法的性能进行分析[10, 76]。因此，本实验选取 Bagging、Boosting 和 RS 三种流行的集成学习方法作为对比方法。POS-RS、Bagging、Boosting 和 RS 算法均使用 SVM 作为基分类器。除了以上集成学习方法，另外两个流行的情感分类方法 NB 和 ME 也被用作对比方法。实验还将本书所提出的方法与四种广泛使用并取得较好效果的情感分析工具 SentiWordNet[110]（记为 SWN）、StanfordNLP[111]（记为 SNLP）、SentiStrength[112]（记为 SS）和 OpinionFinder[113]（记为 OF）进行了比较。SWN 使用平均词极性进行情感分类，SNLP 使用平均句极性进行情感分类，SS 取估计正面和负面的情感强度之间的最大值进行情感分类。

为了提高实验结果的可信性和有效性，实验过程使用 10 折交叉验证法，即将初始样本集划分为 10 个近似相等的数据集，在每次实验中用其中 9 个数据集作为训练集，用剩下的 1 个数据集作为测试集，轮转一遍进行 10 次实验，因此每个子数据集都用作一次测试集，实验结果是 10 倍交叉的平均值，该过程重复 10 次并随机划分 10 个子数据集，并记录这些不同划分方法的平均结果。实验过程如图 4.3 所示。

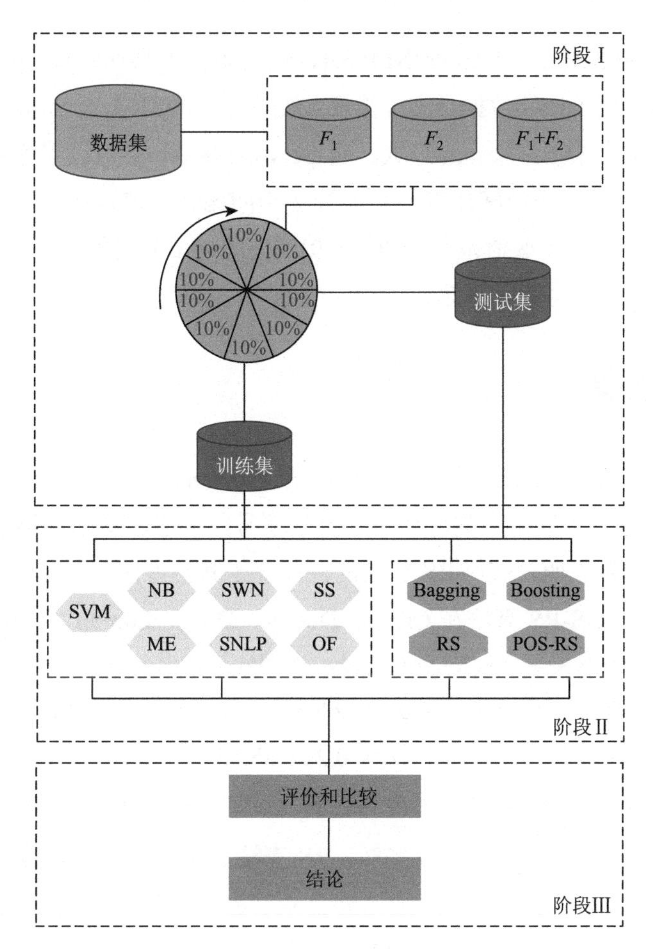

图 4.3　实验过程

F_1 指内容词；F_2 指功能词

4.4　实验结果分析与讨论

本书使用数据挖掘工具 WEKA3.7.0 来进行实验，该工具包含一组针对数据挖掘问题的机器学习方法。此外，使用 Stanford 词性标注工具来提取内容词和功能词。

本书比较 SVM、Bagging、Boosting、RS、NB、ME、SWN、SNLP、SS、OF 和 POS-RS 的分类性能。选取 WEKA 下的 SMO 模块、Bagging 模块、AdaBoostM1 模块、RandomSubSpace 模块、NaiveBayes 模块、Logistic 模块来分别实现 SVM、Bagging、Boosting、RS、NB、ME 算法，集成学习模块使用 SVM 作为基分类器，

并使用 SentiWordNet 3.0、StanfordNLP 3.4、SentiStrengh 界面版和 OpinionFinder 2.0 进行比较实验。由于原始数据是文本格式，实验使用 WEKA 的 StringToWordVector 工具将原始文本转换成 *N*-gram 形式，将 SetWordsKeep 参数设置为数据集中特征数的最大值。内容词子空间比率和功能词子空间比率取值范围为[0.1, 1]，并间隔 0.1；RS 的子空间比率取值范围为[0.1, 0.9]，间隔为 0.1。除非特殊说明，实验参数均采用 WEKA 中的默认参数。

4.4.1　实验结果

以上所有方法取得的平均分类精度如表 4.1 所示。其中，带有波浪线的数据表示局部最大值，各数据集数值后带“±”符号的数值表示标准偏差。

表 4.1 的结果表明，POS-RS 算法的性能优于其他方法，除了 Camera、Music 和 TV 数据集，POS-RS 算法在 Camp、Doctor、Drug、Laptop、Lawyer、Movie、Radio 数据集上都取得了最好的分类结果，平均分类精度分别为 85.26%（$r_C = 0.5$，$r_F = 0.5$）、85.03%（$r_C = 0.8$，$r_F = 0.7$）、68.82%（$r_C = 0.5$，$r_F = 0.6$）、79.79%（$r_C = 0.4$，$r_F = 0.9$）、83.86%（$r_C = 0.6$，$r_F = 0.2$）、85.55%（$r_C = 0.9$，$r_F = 0.5$）、70.66%（$r_C = 0.8$，$r_F = 0.3$）。OF 方法利用内容词和功能词在 Camera 数据集上取得了最好的分类结果，平均分类精度为 77.27%。RS 算法利用内容词和功能词在 Music 数据集上取得了最好的分类结果，平均分类精度为 70.09%（子空间比率为 0.4）。SNLP 方法利用内容词和功能词在 TV 数据集上取得了最好的分类结果，平均分类精度为 77.86%。

由于 SWN 方法简单地使用平均词极性，该方法在 6 个方法中取得了最差的实验结果。SNLP 和 SS 方法更关注句子级的情感，因此它们得到了比较满意的实验结果。此外，和预期的一样，仅使用功能词进行情感分类时，实验取得了最低的平均分类精度。

4.4.2　分析与讨论

1. 统计分析

为了确保实验结果不是偶然得到的，本书对实验结果进行统计检验。具体统计分析过程如 3.4.2 节所述，统计检验结果如表 4.2 所示。

表 4.1　实验结果　　（单位：%）

方法	Camera		Camp		Doctor		Drug		Laptop		Lawyer		Movie		Music		Radio		TV	
SVM（F_1）	74.10	±5.37	82.16	±4.53	82.82	±2.79	67.15	±5.42	74.64	±8.79	80.91	±7.31	85.00	±2.82	66.07	±4.70	68.93	±4.39	74.36	±5.37
Bagging（F_1）	75.70	±4.99	82.65	±3.36	83.09	±3.23	67.89	±5.22	76.13	±7.75	80.68	±8.33	85.05	±3.17	66.32	±4.51	69.58	±3.67	75.74	±6.03
Boosting（F_1）	74.10	±5.37	82.46	±4.21	80.62	±3.27	66.22	±4.37	74.64	±8.79	67.73	±9.66	85.00	±2.82	66.07	±4.70	68.39	±4.16	74.36	±5.37
RS（F_1）	75.92	±7.77	84.33	±3.58	84.64	±2.69	68.69	±4.71	78.17	±10.17	81.82	±7.22	85.48	±2.37	70.02	±5.72	70.32	±5.16	76.28	±5.27
SVM（F_2）	54.22	±5.37	54.04	±2.69	52.37	±1.47	52.81	±3.39	63.06	±9.56	54.55	±4.17	56.20	±3.27	55.08	±5.30	53.29	±2.18	52.66	±3.51
Bagging（F_2）	55.42	±5.82	53.92	±2.77	52.40	±1.94	52.87	±3.82	62.25	±10.58	54.55	±3.90	57.15	±2.91	53.27	±4.67	53.19	±2.30	51.38	±2.95
Boosting（F_2）	51.40	±4.91	53.05	±2.98	52.10	±1.73	52.81	±4.11	61.62	±8.08	54.55	±4.17	55.25	±2.73	53.27	±5.88	51.20	±1.28	52.55	±3.66
RS（F_2）	54.32	±5.64	53.99	±5.20	52.47	±1.77	52.93	±4.25	60.60	±8.20	54.77	±5.61	57.73	±3.10	54.65	±4.83	53.98	±3.59	53.09	±4.60
SVM（F_1+F_2）	73.21	±5.55	82.89	±2.96	82.29	±3.82	66.59	±5.98	75.77	±10.57	79.09	±6.66	84.70	±3.26	66.23	±4.16	68.92	±2.92	73.62	±5.50
Bagging（F_1+F_2）	74.50	±4.82	83.89	±3.11	83.26	±3.42	67.96	±5.41	76.05	±10.19	77.50	±6.99	85.33	±3.20	66.74	±4.66	68.67	±3.24	74.57	±6.00
Boosting（F_1+F_2）	74.21	±5.55	83.40	±2.22	80.92	±3.74	65.46	±5.96	75.77	±10.57	65.23	±10.86	84.70	±3.26	66.23	±4.16	68.47	±4.64	73.62	±5.50
RS（F_1+F_2）	75.01	±5.61	84.33	±2.82	84.34	±3.81	68.70	±4.28	78.99	±12.15	82.50	±6.47	84.98	±2.87	70.09	±5.93	70.43	±4.57	76.49	±5.67
NB（F_1+F_2）	77.09	±5.31	82.01	±4.67	78.92	±3.29	66.43	±4.32	77.92	±9.10	79.85	±7.44	83.07	±2.67	65.57	±6.74	65.21	±4.64	71.20	±6.89
ME（F_1+F_2）	75.79	±6.04	80.56	±4.02	73.88	±4.11	63.12	±5.26	69.68	±9.88	78.24	±7.65	67.81	±3.29	64.66	±6.89	65.61	±3.79	72.46	±6.46
SWN（F_1+F_2）	62.76	±6.48	60.77	±4.83	62.32	±5.24	54.65	±5.14	61.31	±10.16	60.19	±7.68	64.27	±4.22	56.89	±6.28	57.35	±5.04	58.32	±7.69
SNLP(F_1+F_2)	74.15	±3.22	74.43	±3.56	80.78	±4.08	67.59	±3.76	77.14	±5.27	82.22	±4.69	79.86	±3.35	69.84	±4.62	64.69	±3.57	77.86	±3.88
SS（F_1+F_2）	66.34	±3.75	69.22	±3.66	65.63	±3.89	56.93	±3.19	64.42	±4.64	63.78	±4.42	68.94	±3.87	58.47	±4.23	60.24	±3.65	62.17	±3.91
OF（F_1+F_2）	77.27	±5.05	83.71	±3.75	82.49	±3.38	67.61	±4.23	77.59	±8.73	81.08	±7.33	84.04	±2.62	68.69	±6.34	67.41	±4.38	75.67	±6.31
POS-RS	76.49	±6.02	85.26	±4.88	85.03	±2.65	68.82	±4.57	79.79	±9.49	83.86	±6.67	85.55	±2.98	69.59	±5.08	70.66	±4.59	76.06	±6.83

表 4.2　显著性检验结果

方法		Bagging（F_1）	Boosting（F_1）	RS（F_1）	SVM（F_1+F_2）	Bagging（F_1+F_2）	Boosting（F_1+F_2）	RS（F_1+F_2）	NB（F_1+F_2）	ME（F_1+F_2）	SNLP	SS	OF	POS-RS
SVM（F_1）	s	8/2/0	1/5/4	9/0/1	2/2/6	6/3/1	2/2/6	9/1/0	2/1/7	1/0/9	5/1/4	0/0/10	6/1/3	10/0/0
	p_w	5.775**	10.806**	7.580**	2.175*	1.829	4.258**	6.778**	4.312**	13.482**	3.745**	26.012**	3.402**	9.723**
Bagging（F_1）	s		0/2/8	8/1/1	1/2/7	4/2/4	1/2/7	8/1/1	2/0/8	0/1/9	4/1/5	0/0/10	4/2/4	9/1/0
	p_w		12.179**	5.893**	3.494**	0.994	6.647**	4.529**	6.662**	15.462**	6.194**	26.440**	0.812	7.785**
Boosting（F_1）	s			9/0/1	5/2/3	8/2/0	3/3/4	9/1/0	3/1/6	2/0/8	6/1/3	0/0/10	8/0/2	10/0/0
	p_w			11.524**	5.057**	7.234**	0.503	11.464**	0.804	9.393**	0.903	24.018**	7.967**	13.586**
RS（F_1）	s				1/0/9	1/0/9	1/0/9	3/6/1	1/1/8	0/1/9	1/2/7	0/0/10	1/0/9	7/2/1
	p_w				8.331**	5.969**	11.203**	2.188*	10.575**	18.124**	9.594*	26.311**	4.149**	2.448*
SVM（F_1+F_2）	s					7/1/2	2/4/4	10/0/0	3/1/6	1/0/9	6/0/4	0/0/10	8/0/2	10/0/0
	p_w					6.239**	6.681**	8.586**	3.711**	12.932**	3.245**	25.886**	4.011**	10.324**
Bagging（F_1+F_2）	s						0/3/7	9/0/1	3/0/7	2/0/8	4/0/6	0/0/10	5/1/4	10/0/0
	p_w						11.026**	6.399**	5.511**	14.247**	5.066**	26.195**	1.917	8.613**
Boosting（F_1+F_2）	s							10/0/0	4/0/6	1/0/9	5/2/3	0/0/10	7/1/2	10/0/0
	p_w							12.265**	0.544	9.130**	0.487	23.494**	7.395**	13.291**
RS（F_1+F_2）	s								1/0/9	0/0/10	1/2/7	0/0/10	1/0/9	5/3/2
	p_w								10.594**	17.823**	10.102**	26.435**	4.172**	2.126*
NB（F_1+F_2）	s									2/0/8	5/0/5	0/0/10	8/2/0	9/0/1
	p_w									12.036**	1.643	25.983**	8.881**	13.278**
ME（F_1+F_2）	s										7/0/3	1/0/9	10/0/0	10/0/0
	p_w										11.913**	26.856**	16.342**	19.200**

续表

方法		Bagging（F_1）	Boosting（F_1）	RS（F_1）	SVM（F_1+F_2）	Bagging（F_1+F_2）	Boosting（F_1+F_2）	RS（F_1+F_2）	NB（F_1+F_2）	ME（F_1+F_2）	SNLP	SS	OF	POS-RS
SNLP	s											0/0/10	5/2/3	8/1/1
	p_w											26.294**	7.867**	12.305**
SS	s												10/0/0	10/0/0
	p_w												26.464**	26.778**
OF	s													8/1/1
	p_w													6.667**

* p 值在 $\alpha=0.05$ 时显著

** p 值在 $\alpha=0.01$ 时显著

由表 4.2 可知，POS-RS 算法取得的 win/draw/loss 值明显优于其他方法，与 RS（F_1）和 RS（F_1+F_2）相比，POS-RS 算法取得的 win/draw/loss 值分别为 7/2/1 和 5/3/2；与 Boosting（F_1）和 Boosting（F_1+F_2）相比，POS-RS 算法取得的 win/draw/loss 值分别为 9/1/0 和 10/0/0；与 SVM（F_1）和 SVM（F_1+F_2）相比，POS-RS 算法取得的 win/draw/loss 值分别为 10/0/0 和 10/0/0；与 NB（F_1+F_2）、ME（F_1+F_2）和 OF 相比，POS-RS 算法取得的 win/draw/loss 值分别为 9/0/1、10/0/0 和 8/1/1。综上所述，本书所提出的新的情感分类方法——POS-RS 算法是有效的。

除此之外，实验中观察到了一些其他的现象：第一，与 SVM（F_1）比较，SVM（F_1+F_2）取得的 win/draw/loss 值为 2/2/6，说明内容词比功能词具有更强的辨别能力，这个结果与之前的研究一致[106, 107]；第二，与 RS（F_1）相比，RS（F_1+F_2）取得的 win/draw/loss 值为 3/6/1，这可能是由于 RS 算法的性能取决于基分类器的准确性和差异性，与内容词相比，内容词和功能词可以增大基分类器间的差异性，以此来弥补基分类器分类精度低的缺陷；第三，Bagging（F_1+F_2）和 Bagging（F_1）取得的 win/draw/loss 值相等，并且 Boosting（F_1）取得的结果优于 Boosting（F_1+F_2）取得的结果，这可能是由于 Boosting 算法对噪声数据更加敏感，并且情感分类数据中存在大量冗余和相关的特征，因此，仅使用内容词可以减弱这些因素的影响。

2. *偏差-方差分解*

利用偏差-方差分解对分类误差的结果进行分析，进一步解释说明 POS-RS 算法的有效性。偏差-方差分解通常用于指导集成学习的设计，并作为集成学习算法的分析工具。分类误差是对样本分类时的期望误差，可以利用 Kohavi 和 Wolpert[114] 定义的公式分解为偏差（bias）和方差（variance）。

$$\text{bias}_x^2 = \frac{1}{2}\sum_{y\in Y}[P_{Y,X}(Y=y\mid X=x)-P_\tau(L(\tau)(x)=y)]^2 \tag{4.3}$$

$$\text{variance}_x = \frac{1}{2}\left(1-\sum_{y\in Y}P_\tau(L(\tau)(x)=y)^2\right) \tag{4.4}$$

$$\sigma_x = \frac{1}{2}\left(1-\sum_{y\in Y}P_{Y,X}(Y=y\mid X=x)^2\right) \tag{4.5}$$

式（4.5）中的 σ_x 与残差相关，由于难以通过观察分类性能对其进行估计，借鉴 Kohavi 和 Wolpert[114]的方法，本书使用偏差对其值进行集成。

对比方法在 10 个数据集上的偏差-方差分解如表 4.3 和表 4.4 所示。其中，有波浪线的数据表示局部最小值，E、B、V 分别代表分类误差、偏差、方差。

表 4.3　不同方法的偏差-方差分解（Ⅰ）

方法	Camera			Camp			Doctor			Drug			Laptop		
	E	B	V	E	B	V	E	B	V	E	B	V	E	B	V
SVM（F_1）	0.2590	0.1249	0.1341	0.1784	0.1003	0.0781	0.1718	0.0959	0.0759	0.3285	0.1958	0.1327	0.2536	0.1480	0.1056
Bagging（F_1）	0.2430	0.1436	0.0994	0.1735	0.1037	0.0698	0.1691	0.0899	0.0792	0.3211	0.2052	0.1159	0.2387	0.1391	0.0996
Boosting（F_1）	0.2590	0.1356	0.1234	0.1754	0.1111	0.0643	0.1938	0.1223	0.0715	0.3378	0.2031	0.1347	0.2536	0.1766	0.0770
RS（F_1）	0.2408	0.1367	0.1041	0.1567	0.0934	0.0633	0.1536	0.0965	0.0571	0.3131	0.1856	0.1275	0.2183	0.1251	0.0932
SVM（F_1+F_2）	0.2679	0.1416	0.1263	0.1711	0.0976	0.0735	0.1771	0.0935	0.0836	0.3341	0.1869	0.1472	0.2423	0.1165	0.1258
Bagging（F_1+F_2）	0.2550	0.1602	0.0948	0.1611	0.0974	0.0637	0.1674	0.0838	0.0836	0.3204	0.2035	0.1169	0.2395	0.1194	0.1201
Boosting（F_1+F_2）	0.2579	0.1326	0.1253	0.1660	0.1094	0.0566	0.1908	0.1154	0.0754	0.3454	0.2085	0.1369	0.2423	0.1450	0.0973
RS（F_1+F_2）	0.2499	0.1448	0.1051	0.1567	0.0944	0.0623	0.1566	0.0893	0.0673	0.3130	0.1956	0.1174	0.2101	0.1049	0.1052
NB（F_1+F_2）	0.2291	0.1238	0.1053	0.1799	0.1037	0.0762	0.2108	0.1466	0.0642	0.3357	0.1967	0.1390	0.2208	0.1175	0.1033
ME（F_1+F_2）	0.2421	0.1243	0.1178	0.1944	0.1208	0.0736	0.2612	0.1879	0.0733	0.3688	0.2101	0.1587	0.3032	0.1704	0.1328
OF（F_1+F_2）	0.2273	0.1212	0.1061	0.1629	0.1059	0.0570	0.1751	0.1112	0.0639	0.3239	0.1888	0.1351	0.2241	0.1122	0.1119
POS-RS	0.2351	0.1236	0.1115	0.1474	0.0872	0.0602	0.1497	0.0842	0.0655	0.3118	0.1845	0.1273	0.2021	0.0997	0.1024

表 4.4　不同方法的偏差-方差分解（Ⅱ）

方法	Lawyer			Movie			Music			Radio			TV		
	E	B	V	E	B	V	E	B	V	E	B	V	E	B	V
SVM（F_1）	0.1909	0.1011	0.0898	0.1500	0.0776	0.0724	0.3393	0.2103	0.1290	0.3107	0.1904	0.1203	0.2564	0.1429	0.1135
Bagging（F_1）	0.1932	0.1030	0.0902	0.1495	0.0996	0.0499	0.3368	0.2389	0.0979	0.3042	0.2044	0.0998	0.2426	0.1471	0.0955
Boosting（F_1）	0.3227	0.2203	0.1024	0.1500	0.0815	0.0685	0.3393	0.2103	0.1290	0.3161	0.2032	0.1129	0.2564	0.1502	0.1062
RS（F_1）	0.1818	0.1229	0.0589	0.1452	0.0925	0.0527	0.2998	0.2049	0.0949	0.2968	0.1883	0.1085	0.2372	0.1334	0.1038
SVM（F_1+F_2）	0.2091	0.1053	0.1038	0.1530	0.0792	0.0738	0.3377	0.2065	0.1312	0.3108	0.1819	0.1289	0.2638	0.1735	0.0903
Bagging（F_1+F_2）	0.2250	0.1125	0.1125	0.1467	0.0964	0.0503	0.3326	0.2196	0.1130	0.3133	0.1905	0.1228	0.2543	0.1787	0.0756
Boosting（F_1+F_2）	0.3477	0.2078	0.1399	0.1530	0.0797	0.0733	0.3377	0.2187	0.1190	0.3153	0.2112	0.1041	0.2638	0.1670	0.0968
RS（F_1+F_2）	0.1750	0.1132	0.0618	0.1502	0.0960	0.0542	0.2991	0.1918	0.1073	0.2957	0.1673	0.1284	0.2351	0.1388	0.0963
NB（F_1+F_2）	0.2015	0.1298	0.0717	0.1693	0.0922	0.0701	0.3443	0.2345	0.1098	0.3479	0.2242	0.1237	0.2880	0.1578	0.1302
ME（F_1+F_2）	0.2176	0.1089	0.1087	0.3219	0.2503	0.0716	0.3534	0.2467	0.1067	0.3439	0.2263	0.1176	0.2754	0.1721	0.1033
OF（F_1+F_2）	0.1892	0.1276	0.0616	0.1596	0.0843	0.0753	0.3131	0.2108	0.1023	0.3259	0.1957	0.1302	0.2433	0.1409	0.1024
POS-RS	0.1614	0.1006	0.0608	0.1445	0.0722	0.0723	0.3041	0.2070	0.0971	0.2934	0.1655	0.1279	0.2394	0.1342	0.1052

由表 4.3 和表 4.4 可得，与基分类器 SVM 相比，POS-RS 算法可以同时减少偏差和方差。此外，除了 Camera、Music 和 TV 数据集，POS-RS 算法在 Camp、Doctor、Drug、Laptop、Lawyer、Movie、Radio 数据集上都取得了最小偏差，分别为 0.0872、0.0842、0.1845、0.0997、0.1006、0.0722、0.1655。上述结果可以解释 POS-RS 算法取得最高平均分类精度的原因。另外，POS-RS 算法并没有取得最低方差。在 10 个取得最低方差的方法中，Bagging（F_1）取得了 5 个最低方差，该结果与前人的研究一致[93, 115]，Breiman[115]给出的解释是：Bagging 算法进行分类是估计所有基分类器的集中趋势。

3. *灵敏度分析*

子空间比率作为 RS 算法的一个重要参数，用于调节基分类器间的差异性。本实验子空间比率的取值范围为[0.1, 0.9]。使用不同的特征集时，取得的平均分类精度曲线如图 4.4～图 4.6 所示。

由图 4.4～图 4.6 可得，当子空间比率小于 0.3 时，RS 算法取得最低的平均分类精度。在此之后，平均分类精度曲线到达顶点，并随着子空间比率的增加，曲线变得平滑，结果与当前的研究一致，也解释了子空间比率默认为 0.5 的原因[75]。

与 RS 算法不同，POS-RS 算法采用内容词子空间比率和功能词子空间比率两个参数，以此来调节准确性和差异性。由此产生一个敏感问题：内容词子空间比率和功能词子空间比率的最优值取多少？本书认为内容词子空间比率和功能词

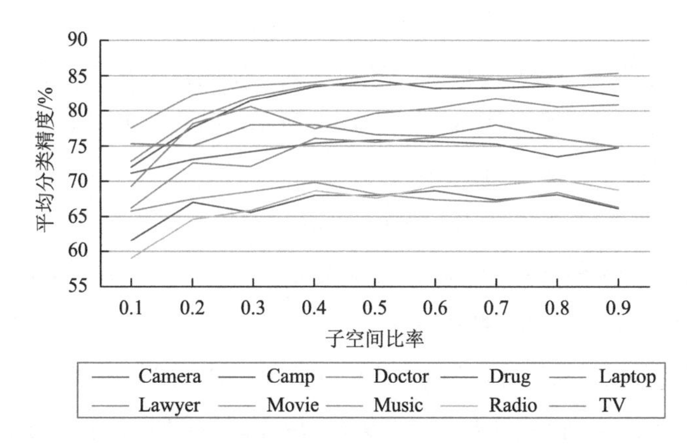

图 4.4　RS 算法的平均分类精度曲线（F_1）（见彩图）

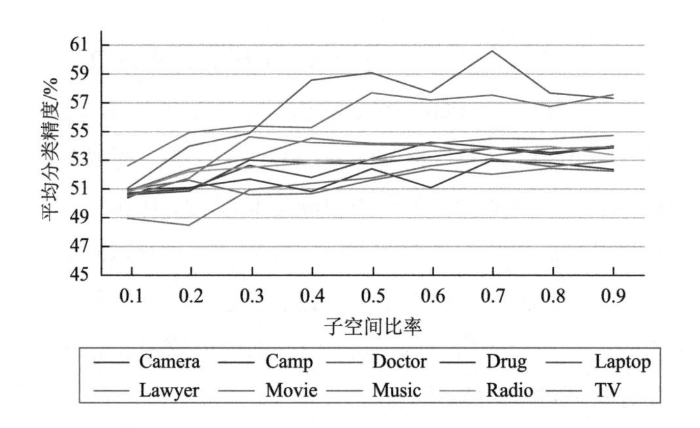

图 4.5　RS 算法的平均分类精度曲线（F_2）（见彩图）

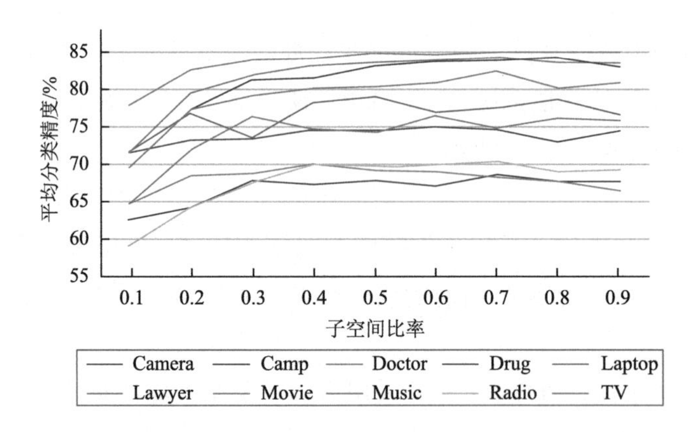

图 4.6　RS 算法的平均分类精度曲线（$F_1 + F_2$）（见彩图）

子空间比率没有最优值。因此，内容词子空间比率和功能词子空间比率取不同值所带来的影响是进一步研究的内容。当内容词子空间比率和功能词子空间比率取不同值时，平均分类精度如图 4.7～图 4.16 所示，其中，X 轴表示内容词子空间比率，Y 轴表示功能词子空间比率。

由图 4.7～图 4.16 可以看出，在 Camera 数据集上，当 $r_C = 0.6$，$r_F = 0.2$ 时，取得最好的平均分类精度；在 Camp 数据集上，当 $r_C = 0.5$，$r_F = 0.5$ 时，取得最好的平均分类精度；在 Doctor 数据集上，当 $r_C = 0.8$，$r_F = 0.7$ 时，取得最好的平均分类精度；在 Drug 数据集上，当 $r_C = 0.5$，$r_F = 0.6$ 时，取得最好的平均分类精度；在 Laptop 数据集上，当 $r_C = 0.4$，$r_F = 0.9$ 时，取得最好的平均分类精度；在 Lawyer 数据集上，当 $r_C = 0.6$，$r_F = 0.2$ 时，取得最好的平均分类精度；在 Movie 数据集

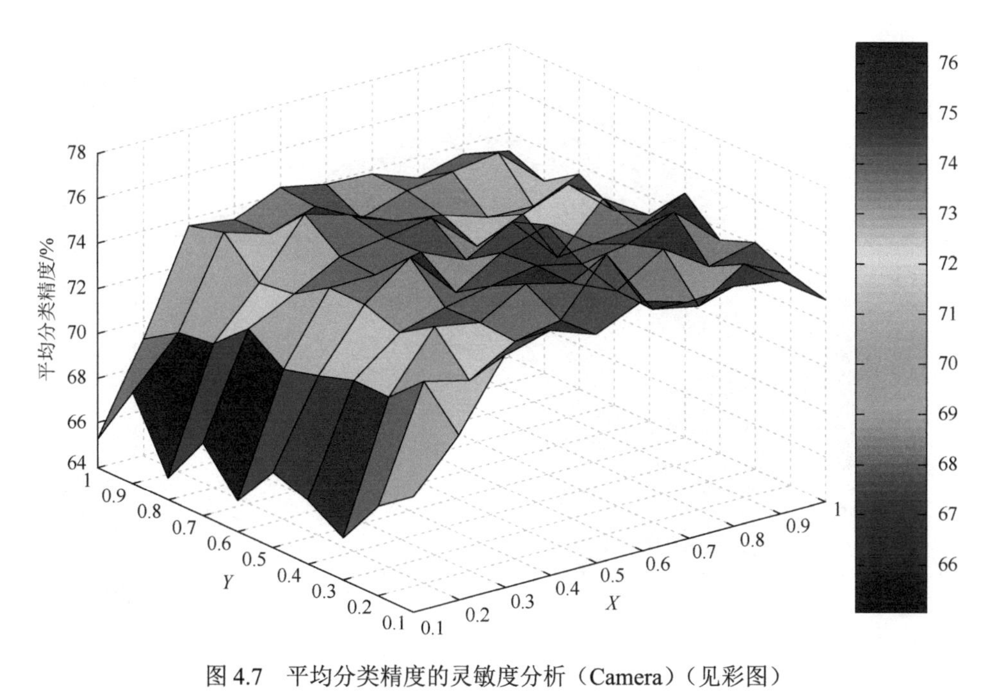

图 4.7　平均分类精度的灵敏度分析（Camera）（见彩图）

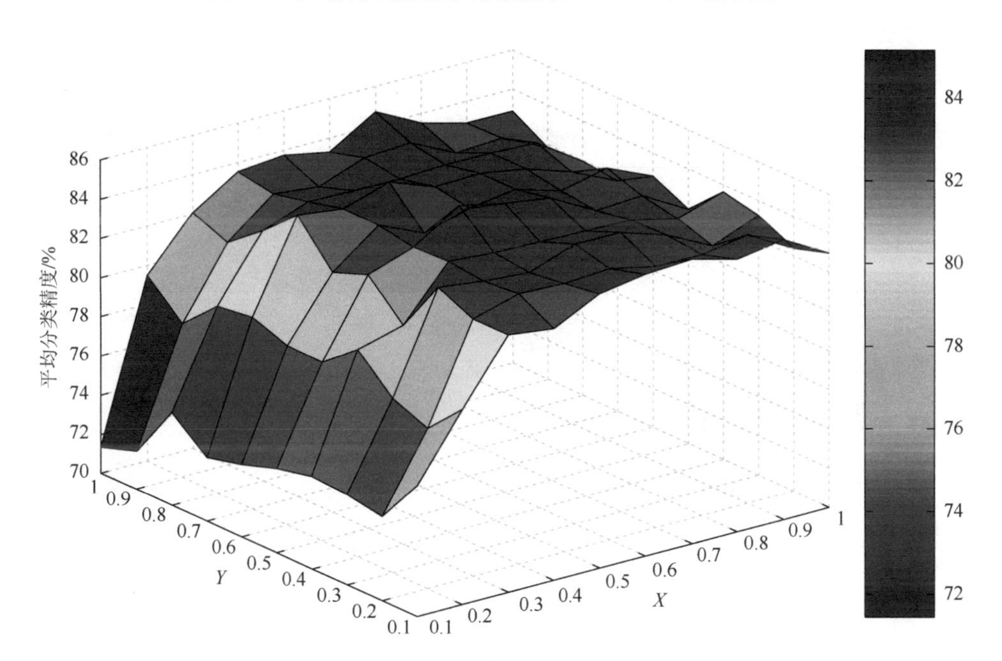

图 4.8　平均分类精度的灵敏度分析（Camp）（见彩图）

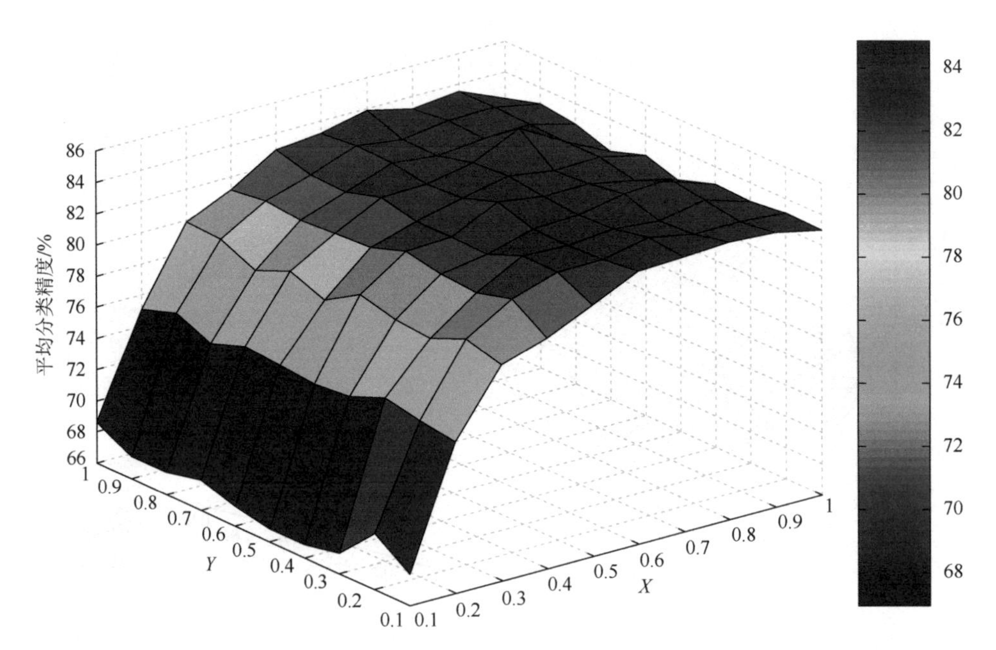

图 4.9　平均分类精度的灵敏度分析（Doctor）（见彩图）

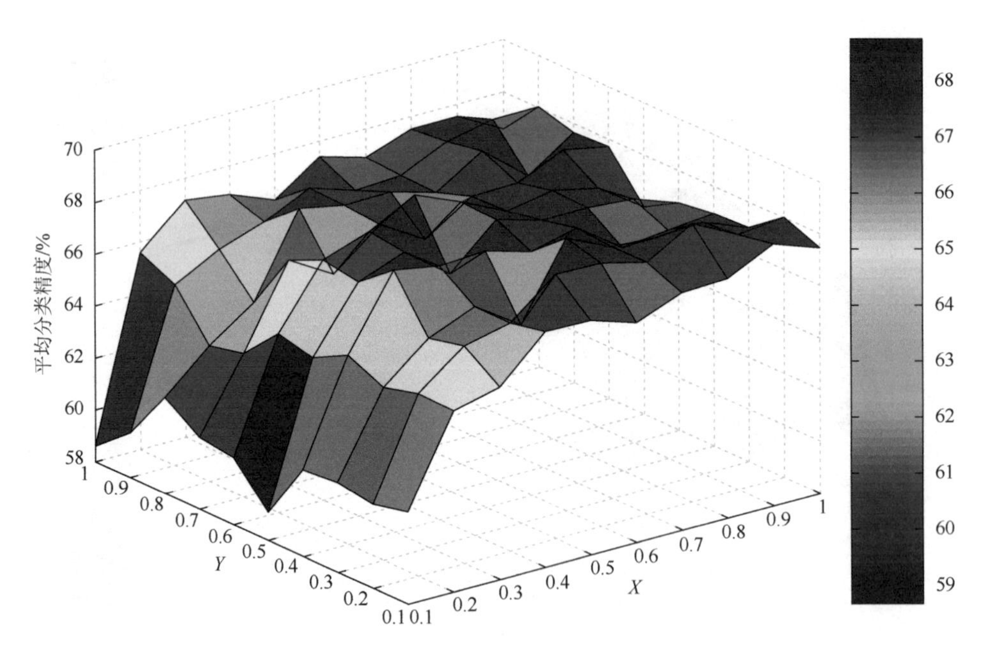

图 4.10　平均分类精度的灵敏度分析（Drug）（见彩图）

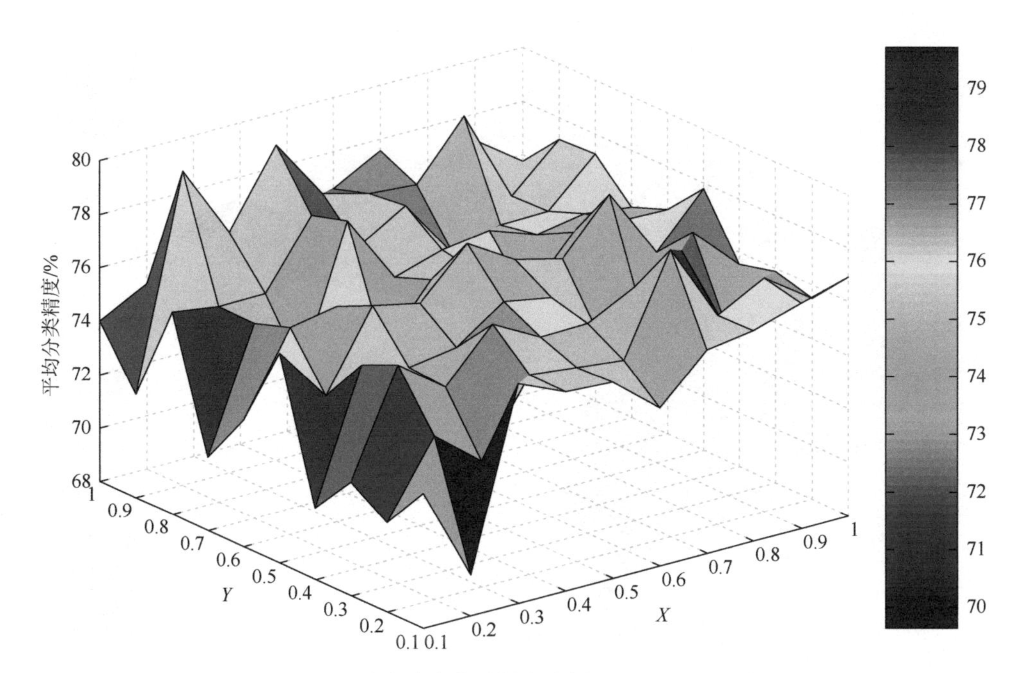

图4.11　平均分类精度的灵敏度分析（Laptop）（见彩图）

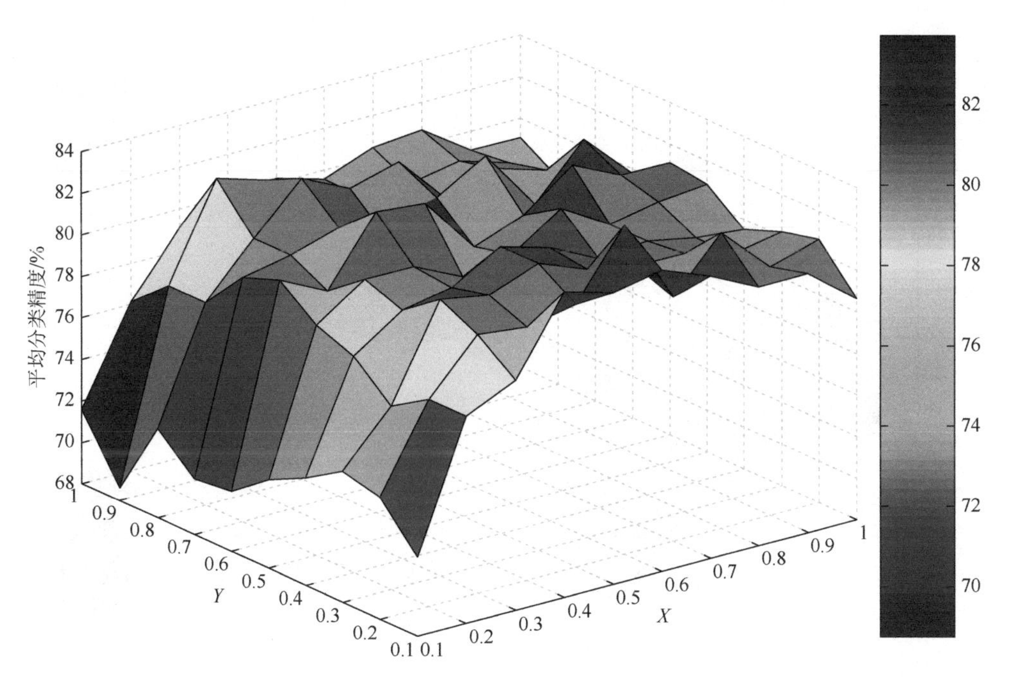

图4.12　平均分类精度的灵敏度分析（Lawyer）（见彩图）

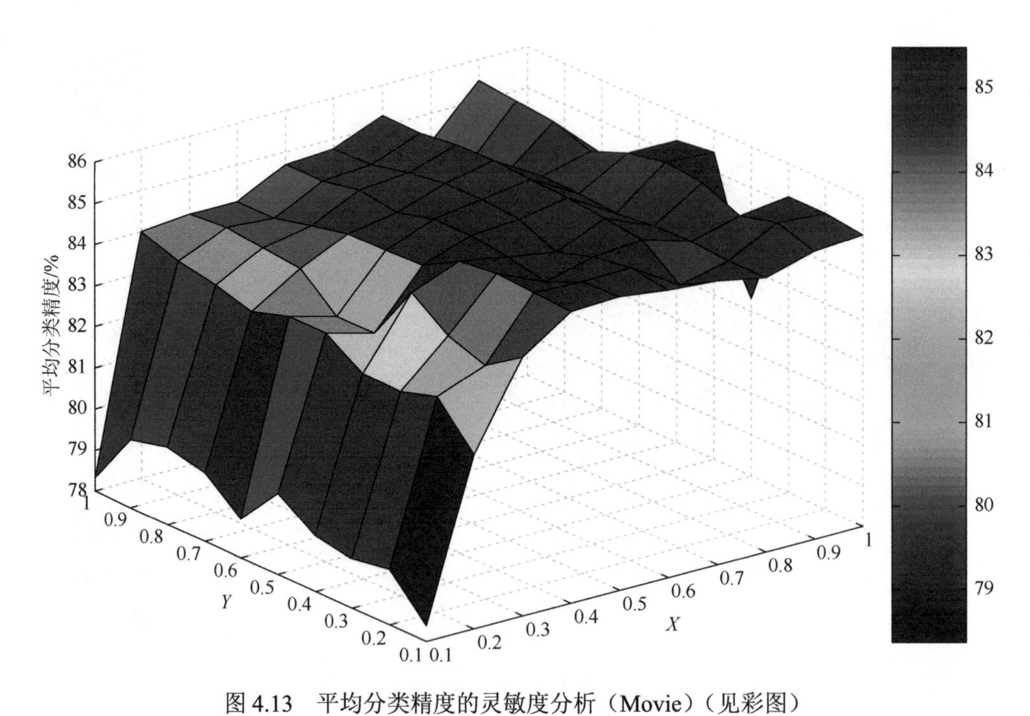

图 4.13　平均分类精度的灵敏度分析（Movie）（见彩图）

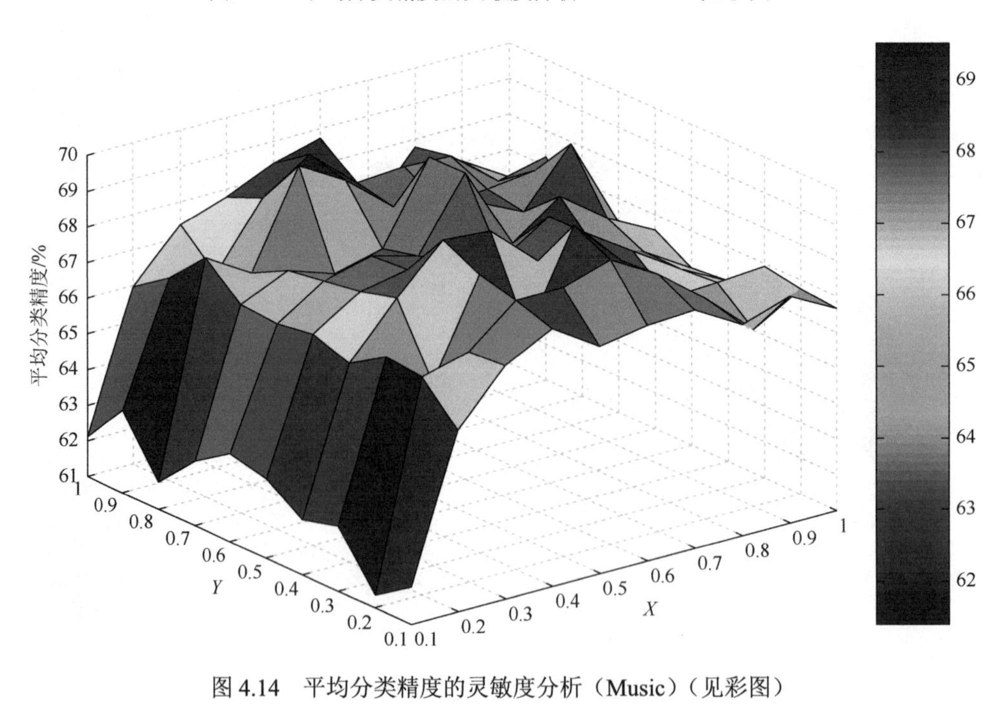

图 4.14　平均分类精度的灵敏度分析（Music）（见彩图）

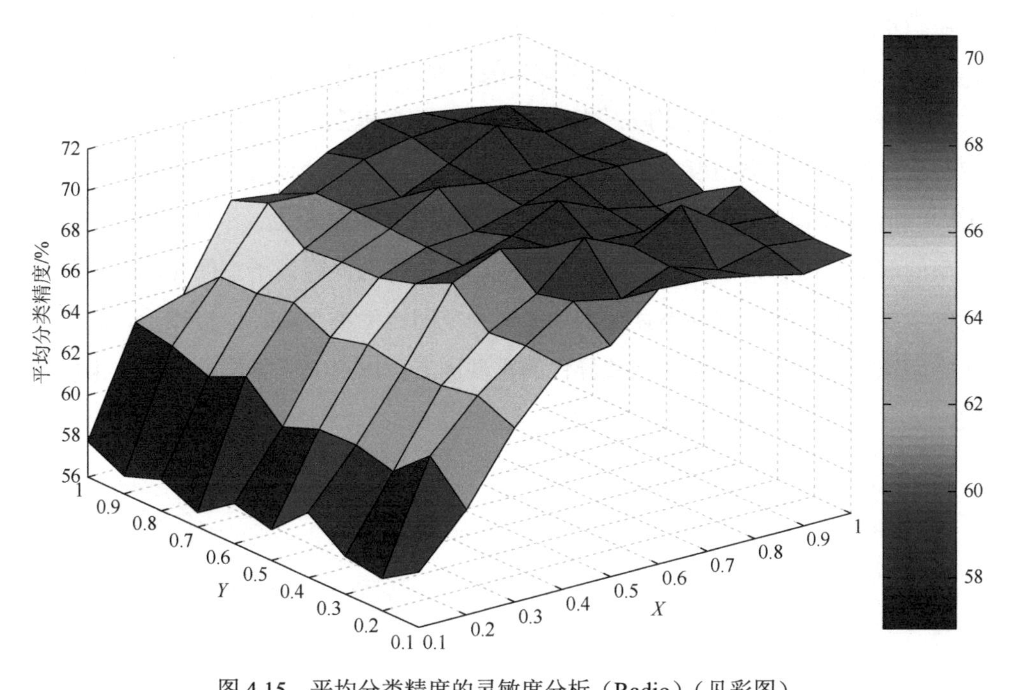

图 4.15　平均分类精度的灵敏度分析（Radio）（见彩图）

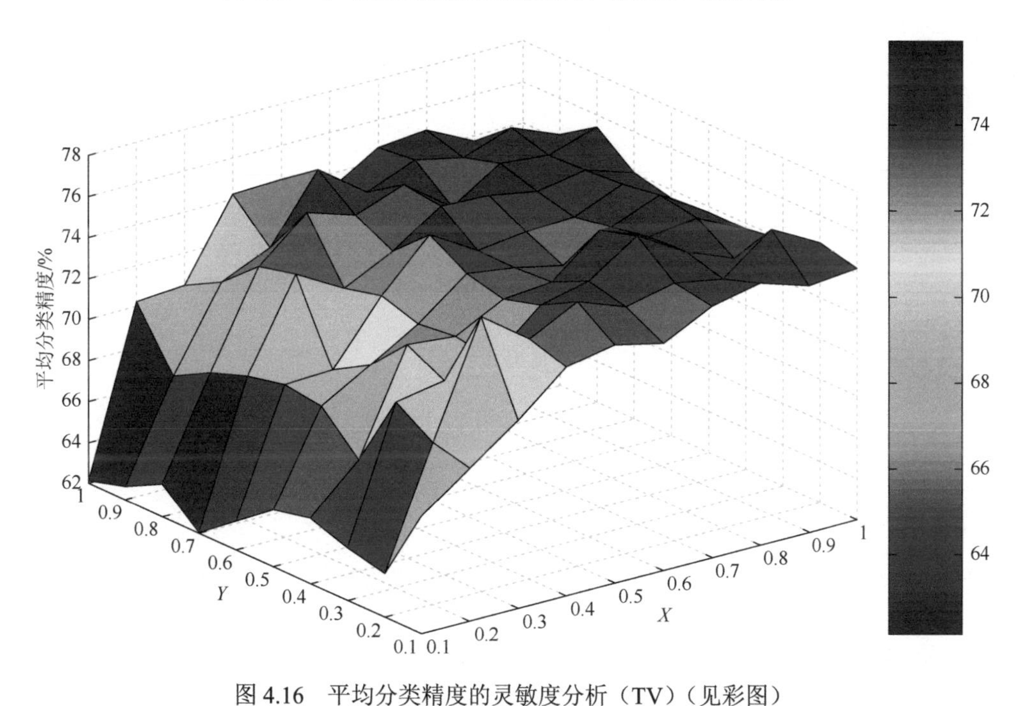

图 4.16　平均分类精度的灵敏度分析（TV）（见彩图）

上，当 $r_C = 0.9$，$r_F = 0.5$ 时，取得最好的平均分类精度；在 Music 数据集上，当 $r_C = 0.6$，$r_F = 0.6$ 时，取得最好的平均分类精度；在 Radio 数据集上，当 $r_C = 0.8$，$r_F = 0.3$ 时，取得最好的平均分类精度；在 TV 数据集上，当 $r_C = 0.7$，$r_F = 0.3$ 时，取得最好的平均分类精度。由以上结果可得，内容词子空间比率取值范围为[0.4, 0.9]更加合适，但很难获得功能词子空间比率的合适取值范围，并且功能词子空间比率的取值与内容词子空间比率取值有关。这是因为内容词子空间比率是分类精度的主要因素。但是这并不意味着功能词子空间比率不重要，恰恰相反，功能词子空间比率是影响基分类器间差异性的重要因素，POS-RS 算法取得的结果优于 RS（F_1）和 RS（$F_1 + F_2$）证明了这一点。

第5章　电子商务中面向非均衡数据的文本情感分类研究

5.1　概　　述

互联网的不断普及促进了电子商务的飞速发展。网上购物成为人们生活重要的一部分。相对于传统购物，网络购物不能直接检查商品的质量和品质，因此，网络商品评论非常重要，这些评论可以帮助顾客了解商品，帮助他们做出正确的决策[3, 30, 72, 116]。

当前，人们对网络商品评论越来越重视，并且网络商品评论的数量呈指数级增长。网络商品评论从本质上讲就是一种文本，表达了大量的、丰富的信息，同时包含了许多未被所有者发现的潜在知识[30, 116]。面对如此巨量的文本，对于关注该商品的并打算购买该商品的潜在消费者，或者希望了解用户对其产品评论的产品厂商而言，全部阅读这些评论来帮助自己做决定已变得十分困难。面对浩瀚的文本资源，传统的文档和文本处理工具已经不能满足用户的需求，急需一种有效的文本情感分类方法应用在网络商品评论上。

目前，人工智能和数据挖掘研究领域已提出文本情感分类来解决上述问题[3, 30]。具体来讲，文本情感分类技术通过预处理文本数据，自主分析各种商品评论的文本内容，发现消费者对该商品的褒贬态度和意见。利用这些商品评论信息的挖掘与分析结果，消费者可以了解人们对某种商品的态度倾向分布，优化购买决策；生产商和销售商可以获得消费者对商品和服务的反馈信息，以及消费者对自己和对竞争对手的评价，从而改进产品、改善服务、赢得竞争优势。目前，文本情感分类方法主要可以分为基于情感知识的方法和基于机器学习的方法[3, 117]。基于情感知识的方法主要依靠一些已有的情感词典和语言知识，如 SentiWordNet、General Inquire、POS Tragger 等，来对文本的意见倾向进行分类。这类方法以自然语言处理为基础，但目前自然语言处理领域还存在一些关键技术需要突破，并且基于情感知识的文本情感分类需要事先构建情感知识库，这大大限制了基于情感知识的方法的进一步发展[3, 117]。本书主要关注基于机器学习的方法。基于机器学习的方法将文本情感分类看作分类问题，通过特征构建技术提取商品评论文本信息，再使用分类技术对意见进行挖掘。

已有研究表明，基于机器学习的方法针对文本情感分类问题取得了较好的分析结果。但对于电子商务中的文本情感分类问题，分类准确性的提高依然是该领域需要不断研究的问题[3]。目前已有的文本情感分类方法主要从传统语言学或者机器学习的角度提出，对于电子商务评论数据自身特点关注不足。本书根据电子商务评论数据分布不均衡的特点，提出基于非均衡数据分类和词性分析的电子商务文本情感分类方法。该方法综合基于情感知识和基于机器学习两种文本情感分类方法，首先，分析电子商务评论的语言特征，对电子商务评论中词语的词性进行分析，提出留词性和去词性两种分析方法；然后，根据电子商务文本情感分类数据不均衡分布的特征，提出基于非均衡数据分类的文本情感分类方法；最后，为了验证本书提出的基于非均衡数据分类和词性分析的电子商务文本情感分类方法的有效性，分别抓取携程旅行网（简称携程网）、京东商城和当当网三个网站的用户评论数据进行实验，实验结果证明了基于非均衡数据分类和词性分析的文本情感分类方法的有效性。

5.2　基于词性分析和非均衡数据分类的文本情感分类方法

5.2.1　电子商务中基于词性分析的文本情感分类方法

电子商务中文本情感分类的第一步是把电子商务评论中的文本表示成分类特征，这样才能使用机器学习方法对文本意见进行分类。目前最常用的电子商务中文本情感分类的文本特征表示方法是基于 BOW 框架进行的，文本作为无序词汇的集合[3, 72]。此外，也有一些文本特征表示方法借鉴自然语言处理技术，考虑被 BOW 忽略的语义单元间的联系，将词义及短语等复杂的项应用其中。但是这些方法在分类效果上没有明显的优势，而且往往需要比较复杂的语言预处理，在分类时会影响分类器的速度。本书采用已被证明有效的 Unigram 方法来表示文本 $\{f_1, f_2, \cdots, f_m\}$。已有研究结果证明，采用 TP 比 TF 进行权重的确定更为有效，故本书采用 TP 来计算权重[3, 72]。

在将电子商务中的文本意见表示成特征后，根据词性来对特征进行筛选。词性指作为划分词类的根据的词的特点。《现代汉语》中将词分为 12 类，包括实词（名词、动词、形容词、数词、量词和代词）和虚词（副词、介词、连词、助词、拟声词和叹词）[118]。在语义表达上起主体作用的是名词、动词、形容词和副词，因此普林斯顿大学认知科学实验室的心理学教授米勒构建了英文词典 WordNet，该词典包含由名词、动词、形容词和副词组成的同义词网络。本实验利用中国科学院计算技术研究所的汉语词性标记集对数据集中分好词的数据集进行词性标记，如表 5.1 所示。该词性标记集主要参考以下词性标记集：北大《人民日报》语料库词性标记集；北大 2002 新版词性标记集（草稿）；清华大学汉语树库词性标记集；教育部语用所词性标记集（国家推荐标准草案 2002 版）；美国宾州大学中文树库词性标记集。

表 5.1　中国科学院计算技术研究所的汉语词性标记集（一级）

词性	代码	词性	代码
名词	n	动词	v
形容词	a	副词	d
区别词	b	状态词	z
时间词	t	代词	r
处所词	s	数词	m
方位词	f	量词	q
介词	p	连词	c
助词	u	叹词	e
语气词	y	拟声词	o
前缀	h	后缀	k
字符串	x	标点符号	w

5.2.2　电子商务中基于非均衡数据分类的文本情感分类方法

电子商务中的用户评论大多数分布非均衡，一般来说正向评论多于负向评论。传统基于机器学习的方法对于样本的分类均基于样本分布大致相当的假设。因此，采用传统基于机器学习的方法来对电子商务中用户评论进行分类就会产生一系列问题。本书引入非均衡数据分类方法来解决电子商务中用户评论非均衡问题。目前在机器学习和数据挖掘领域对非均衡数据分类的方法主要有基于取样的方法和基于集成学习的方法[119, 120]。

1. 基于取样的方法

基于取样的方法主要改变不均衡数据的分布，以降低数据的不均衡程度。常用的基于取样的方法是随机取样法，主要包括欠取样方法和过取样方法两种[119, 120]。欠取样方法主要去掉噪声和冗余数据，通过减少多数类样本来提高少数类的分类性能，最简单的方法是通过随机地去掉一些多数类样本来减小多数类的规模。欠取样方法的缺点是会丢失多数类的一些重要信息，无法充分利用已有的信息。与欠取样方法相反，过取样方法通过增加少数类样本来提高少数类的分类性能，最简单的办法是简单复制少数类样本。过取样方法的缺点是引入额外的训练数据，延长构建分类器所需要的时间，没有给少数类增加任何新的信息，而且可能导致过度拟合。

由于欠取样方法和过取样方法都存在一定缺陷，一些学者提出了基于生成样本的取样方法，其中广泛应用的是 SMOTE[119, 121]。该方法基于相距较近的少数类样本之间的样本仍是少数类的假设，其主要思想是在相距较近的少数类样本之间插入“合成”的样本，因此，SMOTE 使分类器的分类平面向多数类的空间伸展，同时可有效地避免随机过采样的过度拟合问题[119, 121]。SMOTE 伪代码如图 5.1 所示。

```
Input：Number of nearest neighbors K；
       Number of minority class instances T；
       Amount of SMOTE N%.
Process：
    if N<100
      then Randomize the T minority class instances
      T = (N/100)×T
      N = 100
    endif

    N = int(N/100)
    numattrs = Number of attributes
    Sample [][]：array for original minority class instances
    newindex：keeps a count of number of synthetic instances generated，initialized to 0
    Synthetic [][]：array for synthetic instances

    for t = 1, 2, ⋯ , T：
    Compute K nearest neighbors for t，and save the indices in the nnarray
```

```
    Populate(N, t, nnarray)
  End.

  Populate(N, t, nnarray)
  while N≠0
    Choose a random number between 1 and K，call it nn. This step chooses one of
    the K nearest neighbors of t.
    for att = 1, 2, ··· , numattrs
      compute：dif = Sample[nnarray[nn]][attr]–Sample[i][attr]
      compute：gap = random number between 0 and 1
      Synthetic[newindex][attr] = Sample[t][attr] + gap×dif
    end.
    newindex + +
    N = N–1
  end.
Output：(N/100)× T synthetic minority class instances
```

图 5.1　SMOTE 伪代码

2. 基于集成学习的方法

集成学习是近年来机器学习领域的研究热点之一。集成学习针对同一问题使用多个学习器进行学习，并使用某种规则把各个学习结果进行整合，从而获得比单个学习器更好的学习效果。集成学习中的每个学习器也称为基学习器[9, 10]。较早开展集成学习研究的是 Dasarathy 和 Sheela[11]。之后，Hansen 和 Salamon[12]研究发现，通过训练多个神经网络并将其结果按照一定的规则进行组合，就能显著提高整个学习系统的泛化能力。与此同时，Schapire[13]通过构造性方法证明了可以将弱学习算法提升成为强学习算法，这个过程就是集成学习算法中 Boosting 算法的雏形。基于此，在以上早期研究的带动下，集成学习的研究迅速开展起来，理论和应用成果不断涌现，成为机器学习领域最主要的研究方向之一[9, 10]。

相对于单个学习器，集成学习方法具有更强的泛化能力，可以更好地解决非均衡数据分类问题。集成学习方法有很多，主要分为基于数据划分的方法（data partitioning methods）和基于特征划分的方法（attribute partitioning methods）[9, 10]。基于数据划分的方法通过处理训练样本产生多个样本集，分类器运行多次，每次使用一个样本集。基于数据划分的方法主要有 Bagging 和 Boosting 等算法[15, 16]。基于特征划分的方法把输入特征划分成子集，用作不同分类器的输入向量，每次使用一个特征子集。基于特征划分的方法主要有 RS 等算法[17]。

1996 年，Breiman[14]提出了 Bagging 算法。各成员分类器的训练集由从原始训练集中自助选取的若干样本组成，新的训练集的规模通常与原始训练集相当，训练样本允许重复选取。这样原始训练集中某些样本可能在新的训练集中出现多次，另一些样本可能一次不出现。Bagging 算法通过重新选取训练集增加了集成的差异度，从而提高了泛化能力[18, 19]。Bagging 算法伪代码及流程在第 3 章中已详细描述。Boosting 算法最早由 Schapire[13]提出，其思想是对易错分样本进行强化学习，首先给每个训练样本赋予相同的权重，然后使用训练的基分类器进行测试，提高错分样本的权重，降低分对样本的权重。通过这种方法可以产生一系列分类器，各分类器的训练集取决于在其之前产生的分类器的性能，错分样本将以较大的概率出现在新分类器的训练集中，这样新分类器能够很好地处理对已有分类器分类很困难的样本[13, 15]。另外，虽然 Boosting 算法能够增强集成学习的泛化能力，但是也有可能使集成过于偏向某些分类特别困难的样本，因此该算法不太稳定，对噪声数据较为敏感。Boosting 算法是一类集成学习方法的总称，它有许多变种，其中 AdaBoost 算法是较流行的算法。AdaBoost 算法伪代码及流程在第 3 章中已详细描述。Bagging 和 Boosting 算法都属于基于数据划分的方法，RS 算法属于基于特征划分的方法[10, 16]。与基于数据划分的方法不同，RS 算法首先随机选择一定数目的特征并得到不同的特征子集，然后在经过不同特征子集过滤后的数据上训练不同的分类器，最后进行集成学习。由于 RS 算法需要对分类特征进行划分，较适用于特征空间较大的分类问题，如文本分类问题。RS 算法伪代码及流程在第 3 章中已详细描述。

5.3 实 验 设 计

5.3.1 实验数据集和评价指标

为了验证电子商务中基于非均衡数据分类和词性分析的用户评论挖掘方法的有效性，本书以携程网酒店、京东商城联想 ThinkPad 笔记本、当当网教材类图书为例，分别随机抓取用户评论 10000 条，其中携程网酒店用户评论中正负向评论分别为 1692 条和 8308 条，京东商城联想 ThinkPad 笔记本用户评论中正负向评论分别为 997 条和 9003 条，当当网教材类图书用户评论中正负向评论分别为 403 条和 9597 条。

首先，采用中国科学院计算技术研究所编写的中文分词工具 ICTCLAS（Institute of Computing Technology，Chinese Lexical Analysis Systems）对评论语料进行分析，

其中停用词表采用哈尔滨工业大学信息检索研究中心提供的中文停用词表。然后，对分词后的评论语料进行词性表示，根据词性对评论语料进行特征筛选，一组为留词性数据集，即只保留原始数据集中的名词、动词、形容词、副词得到的数据集；另一组为去词性数据集，即去掉原始数据集中连词、助词、叹词、语气词、拟声词、标点符号、字符串等得到的数据集。

本实验的评价指标采用目前文本情感分类领域常用的评价指标：平均分类精度和 AUC[119]。由于电子商务中文本情感分类的数据分布具有非均衡特性，平均分类精度已不能反映分类器的性能，目前在非均衡数据分类领域普遍采用 AUC[119]。

5.3.2　实验流程

本实验的计算机配置如下：Windows 7 操作系统、3.10GHz AMD FX(tm)-8102 八核 CPU 和 8GB 内存。使用数据挖掘工具 WEKA3.7.0，基分类器采用 DT 和 SVM，分别选取 J48 模块（WEKA 下的 C4.5）和 SMO 模块实现，选取 Bagging 模块、ADBoostM1 模块和 RandomSubSpace 模块来具体实现 Bagging、Boosting 和 RS 算法，三种取样方法由自行编程实现。为了提高实验结果的可信性和有效性，实验过程使用 10 折交叉验证法，即将初始样本集划分为 10 个近似相等的数据集，每个数据集中属于各分类的样本所占的比例与初始样本集中的比例相同，在每次实验中用其中 9 个数据集组成训练集，用剩下的 1 个数据集作为测试集，轮转一遍进行 10 次试验，实验结果均为 10 折交叉验证的平均值。实验流程如图 5.2 所示。

5.4　实验结果分析与讨论

根据以上实验设计，最终实验结果如表 5.2 和表 5.3 所示，其中，Ctrip、JD、DangDang 分别表示携程网酒店、京东商城联想 ThinkPad 笔记本、当当网教材类图书三个数据集，带有波浪线的数据表示局部最大值。原始方法分别用 DT 或者 SVM 作为基分类器，取样方法包括欠取样、过取样和 SMOTE，集成学习方法包括 Bagging、Boosting、RS 算法。

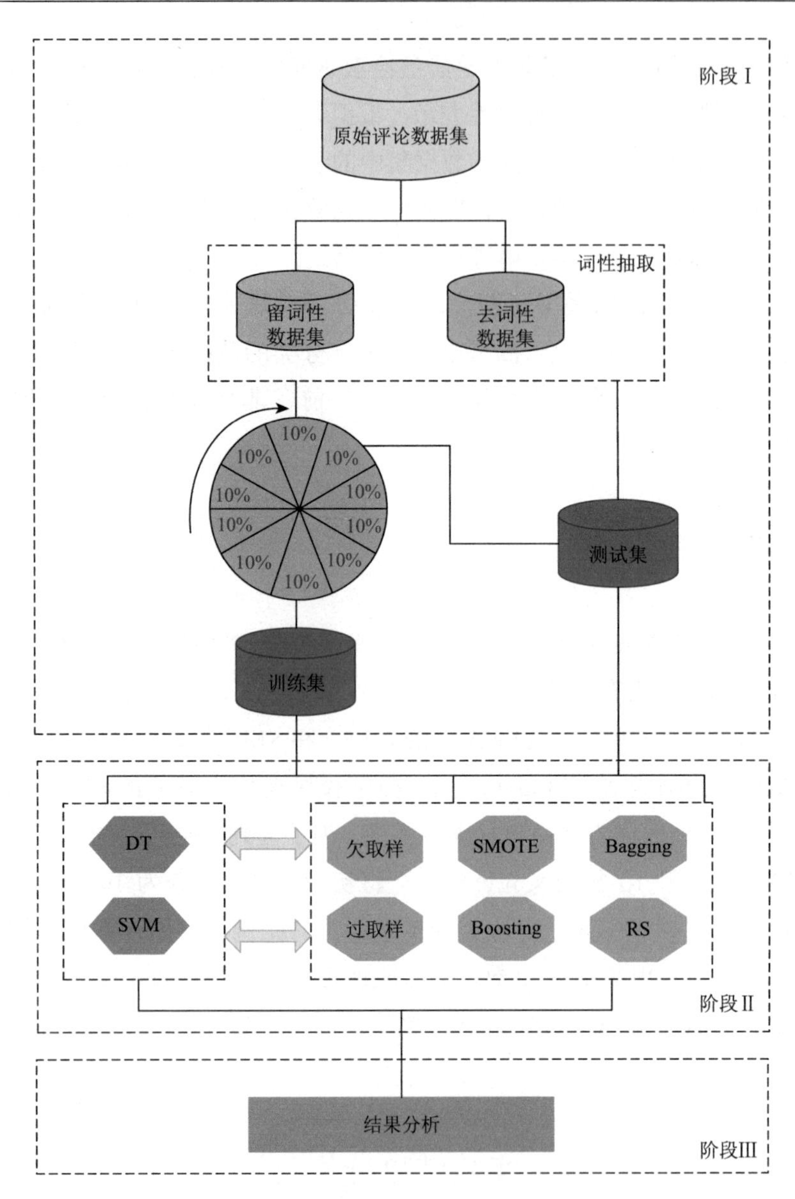

图 5.2　实验流程

表 5.2　实验结果（DT）

方法 \ 数据集		Ctrip		JD		DangDang	
		平均分类精度	AUC	平均分类精度	AUC	平均分类精度	AUC
原始方法	原始分词	0.9594	0.6317	0.9650	0.5597	0.9510	0.5567
	留词性	0.9537	0.6518	0.9546	0.5220	0.9571	0.5359
	去词性	0.9598	0.6539	0.9557	0.5700	0.9451	0.5650

续表

方法 \ 数据集		Ctrip		JD		DangDang	
		平均分类精度	AUC	平均分类精度	AUC	平均分类精度	AUC
欠取样	原始分词	0.9554	0.6293	0.9561	0.5690	0.9492	0.5461
	留词性	0.9542	0.6407	0.9567	0.5216	0.9521	0.5451
	去词性	0.9566	0.6477	0.9583	0.5733	0.9533	0.5491
过取样	原始分词	0.9607	0.6489	0.9615	0.6316	0.9412	0.5397
	留词性	0.9623	0.6563	0.9437	0.5568	0.9473	0.5757
	去词性	0.9581	0.6505	0.9586	0.6373	0.9407	0.5489
SMOTE	原始分词	0.9548	0.6448	0.9619	0.6640	0.9391	0.5628
	留词性	0.9574	0.6880	0.9399	0.5611	0.9421	0.5516
	去词性	0.9574	0.6715	0.9605	0.6657	0.9463	0.5653
Bagging	原始分词	0.9650	0.7764	0.9634	0.7554	0.9519	0.7021
	留词性	0.9627	0.7923	0.9610	0.6833	0.9593	0.6850
	去词性	0.9591	0.7862	0.9682	0.7711	0.9515	0.7186
Boosting	原始分词	0.9713	0.6756	0.9715	0.6845	0.9557	0.6851
	留词性	0.9714	0.6871	0.9550	0.5928	0.9562	0.6629
	去词性	0.9792	0.6945	0.9724	0.6946	0.9503	0.6897
RS	原始分词	0.9653	0.7790	0.9650	0.7647	0.9609	0.7284
	留词性	0.9592	0.7836	0.9585	0.5384	0.9561	0.6216
	去词性	0.9649	0.8059	0.9627	0.7762	0.9569	0.7392

表 5.3　实验结果（SVM）

方法 \ 数据集		Ctrip		JD		DangDang	
		平均分类精度	AUC	平均分类精度	AUC	平均分类精度	AUC
原始方法	原始分词	0.9802	0.7574	0.9703	0.6878	0.9599	0.6183
	留词性	0.9738	0.7444	0.9646	0.6488	0.9532	0.6138
	去词性	0.9807	0.7699	0.9699	0.7040	0.9556	0.6349
欠取样	原始分词	0.9781	0.7580	0.9677	0.6909	0.9590	0.6193
	留词性	0.9724	0.7400	0.9613	0.6419	0.9476	0.6274
	去词性	0.9711	0.7606	0.9710	0.7073	0.9553	0.6212
过取样	原始分词	0.9816	0.7597	0.9680	0.6867	0.9571	0.6158
	留词性	0.9716	0.7452	0.9615	0.6434	0.9489	0.6283
	去词性	0.9728	0.7606	0.9700	0.7016	0.9564	0.6214
SMOTE	原始分词	0.9728	0.7583	0.9703	0.6955	0.9531	0.6203
	留词性	0.9628	0.7609	0.9498	0.6600	0.9530	0.6348
	去词性	0.9729	0.7674	0.9727	0.7046	0.9532	0.6306

续表

方法 \ 数据集		Ctrip		JD		DangDang	
		平均分类精度	AUC	平均分类精度	AUC	平均分类精度	AUC
Bagging	原始分词	0.9794	0.8254	0.9696	0.7594	0.9561	0.6587
	留词性	0.9709	0.8128	0.9655	0.7205	0.9532	0.6543
	去词性	0.9745	0.8367	0.9695	0.7655	0.9618	0.7335
Boosting	原始分词	0.9805	0.7872	0.9728	0.7365	0.9573	0.6292
	留词性	0.9686	0.7802	0.9545	0.7138	0.9525	0.6065
	去词性	0.9793	0.7970	0.9702	0.7368	0.9601	0.7248
RS	原始分词	0.9779	0.8144	0.9706	0.8367	0.9526	0.6861
	留词性	0.9678	0.8056	0.9609	0.7281	0.9541	0.7338
	去词性	0.9788	0.8657	0.9695	0.8478	0.9523	0.7872

5.4.1 实验结果整体分析

从表 5.2 中可以看出，当使用 DT 作为基学习器时，对于 Ctrip 数据集，Boosting 算法取得了最高的平均分类精度（0.9792），RS 算法取得了最好的 AUC（0.8059）；对于 JD 数据集，同样是 Boosting 算法取得了最高的平均分类精度（0.9724），RS 算法取得了最好的 AUC（0.7762）；对于 DangDang 数据集，RS 算法取得了最高的平均分类精度（0.9609），以及最好的 AUC（0.7392）。

从表 5.3 中可以看出，当使用 SVM 作为基学习器时，对于 Ctrip 数据集，过取样方法取得了最高的平均分类精度（0.9816），RS 算法取得了最好的 AUC（0.8657）；对于 JD 数据集，Boosting 算法取得了最高的平均分类精度（0.9728），RS 算法取得了最好的 AUC（0.8478）；对于 DangDang 数据集，Bagging 算法取得了最高的平均分类精度（0.9618），RS 算法取得了最好的 AUC（0.7872）。

此实验结果表明，相对于原始方法，非均衡数据分类方法无论是在平均分类精度还是在 AUC 上都取得了更好的效果，也证明了非均衡数据分类方法在电子商务用户评论挖掘中的有效性。

5.4.2 不同非均衡数据分类方法对比分析

进一步比较 6 种非均衡数据分类方法的有效性。对于非均衡数据分类问题，平均分类精度已不能表征分类器的性能，需要使用 AUC。将 6 种非均衡数据分类方法的 AUC 汇总，得到图 5.3 和图 5.4。

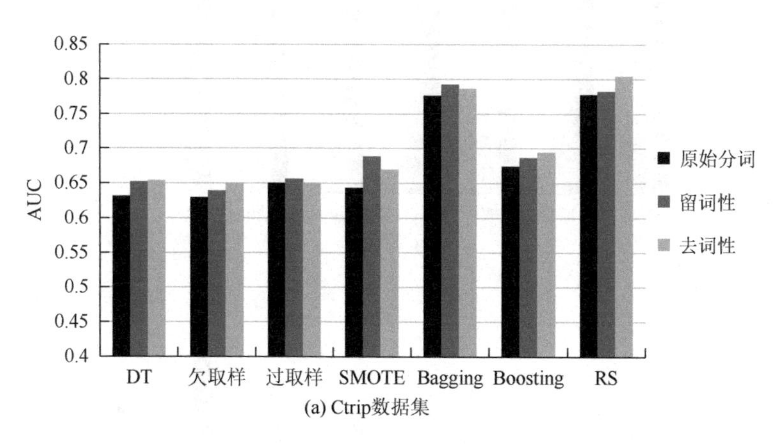

(a) Ctrip数据集

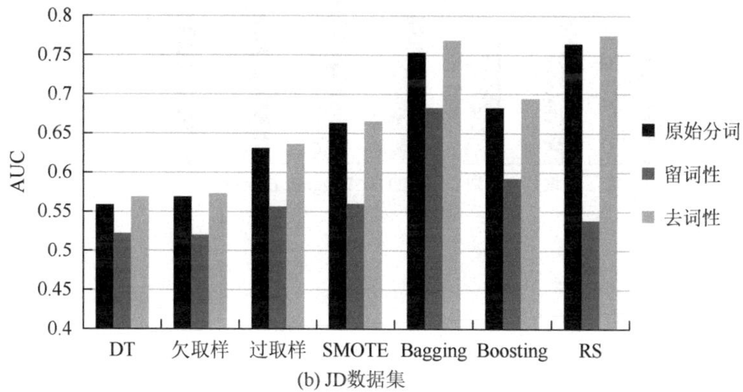

(b) JD数据集

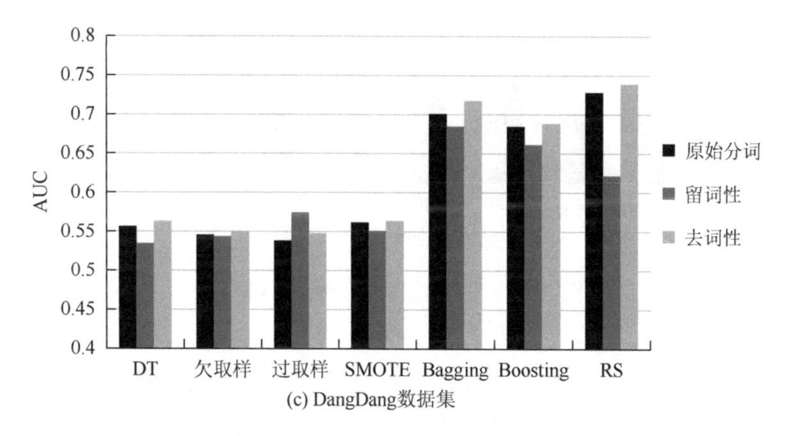

(c) DangDang数据集

图 5.3　AUC 结果对比分析（DT）

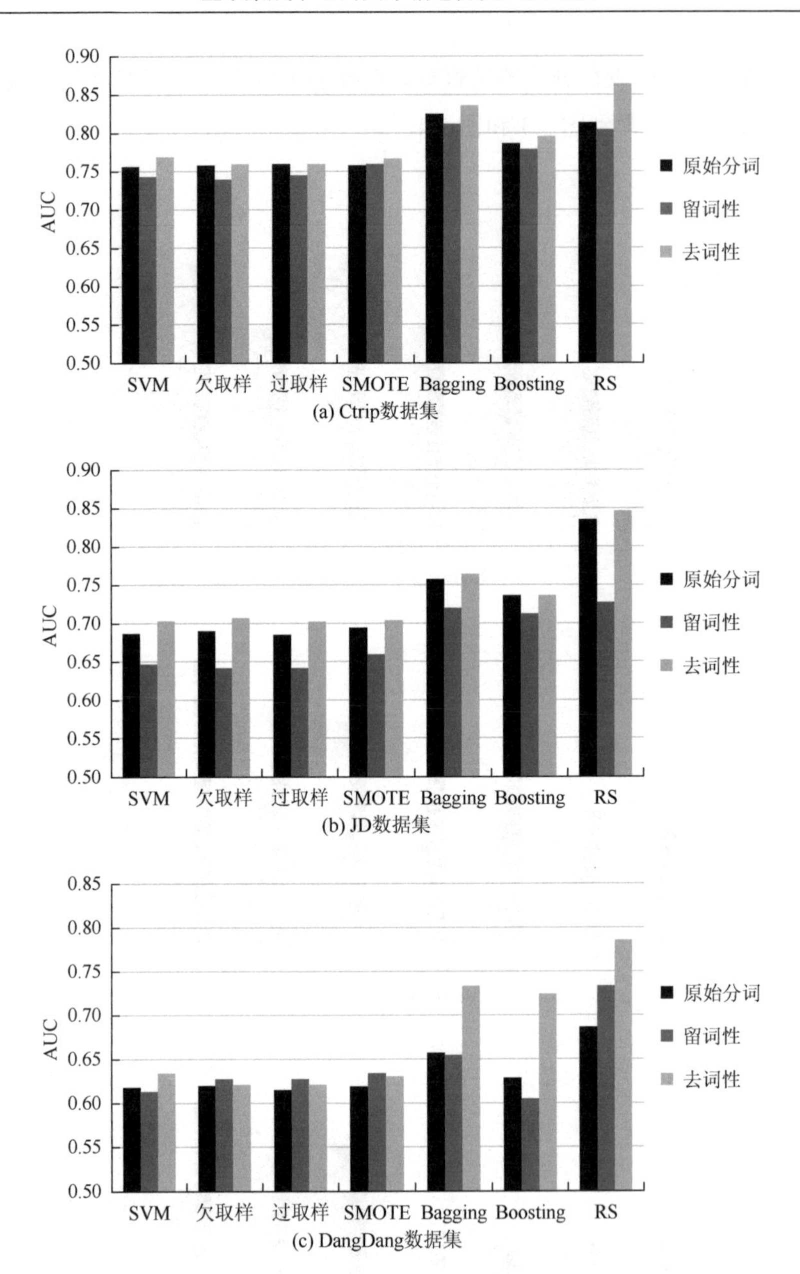

图 5.4　AUC 结果对比分析（SVM）

从图 5.3 和图 5.4 中看出，在使用原始分词和去词性数据集时，相对于取样方法，集成学习方法都取得了较好的 AUC。对于取样方法，SMOTE 取得了比欠取样和过取样方法都要好的 AUC，此结果和已有文献结果一致，证明了 SMOTE 的有效性；对于集成学习方法，RS 和 Bagging 算法取得了比 Boosting 算法要好的 AUC，并且在使用 DT 和 SVM 作为基学习器，以及使用 3 个去词性实验数据集上，RS 算法都取得了最好的 AUC。此结果的一个解释是，相对于 Bagging 和 RS 算法，Boosting 算法更容易受到噪声的干扰，因此取得了相对较差的结果。此外，RS 算法属于基于特征划分的方法，电子商务文本情感分类问题的数据集具有高维性，因此，RS 算法可以更好地处理此类问题。

5.4.3　留词性和去词性方法对比分析

进一步分析本书提出的分词分析方法的有效性。以每类分类器原始分词结果为基准，根据

$$\frac{\text{AUC}_{\text{留词性/去词性}} - \text{AUC}_{\text{原始分词}}}{\text{AUC}_{\text{原始分词}}} \tag{5.1}$$

分别比较留词性和去词性两种方法相对于原始分词的结果，如表 5.4 和表 5.5 所示。

表 5.4　各分类器 AUC 比较结果（DT）

数据集	分词分析方法	DT	欠取样	过取样	SMOTE	Bagging	Boosting	RS
Ctrip	留词性	3.18	1.81	1.14	6.70	2.05	1.31	4.44
	去词性	3.51	2.92	0.25	4.14	1.26	2.16	3.45
JD	留词性	−6.74	−8.33	−11.84	−15.50	−9.54	−10.37	−29.59
	去词性	1.84	0.76	0.90	0.26	2.08	1.14	1.50
DangDang	留词性	−3.74	−0.18	6.67	−1.99	11.81	−2.51	−15.74
	去词性	1.49	0.55	1.70	0.44	2.35	0.52	1.59

表 5.5　各分类器 AUC 比较结果（SVM）

数据集	分词分析方法	SVM	欠取样	过取样	SMOTE	Bagging	Boosting	RS
Ctrip	留词性	−1.71	−2.38	−1.91	0.34	−1.52	−0.89	−1.08
	去词性	1.65	0.35	0.12	1.20	1.37	1.25	6.29
JD	留词性	−5.66	−7.10	−6.30	−5.10	−5.12	−3.08	−12.97
	去词性	2.37	2.37	2.17	1.31	0.80	0.03	1.33
DangDang	留词性	−0.73	1.30	2.04	2.34	−0.66	−3.61	6.95
	去词性	2.68	0.29	0.92	1.66	11.36	15.19	14.72

从表 5.4 和表 5.5 中可以看出，留词性法在原始特征中仅保留名词、动词、形容词和副词，信息损失比较大，在 3 个数据集中仅有使用 DT 作为基学习器时，在 Ctrip 数据集中 AUC 得到提升。去词性法仅去掉连词、助词、叹词、语气词、拟声词、标点符号等，在 3 个数据集中 AUC 都有提升。此实验结果表明，相对于留词性法，去词性法取得了比使用原始分词更好的结果，有更强的适应性。这也验证了本书提出的词性分析方法的有效性。

第 6 章　基于 IDSSL 的文本情感分类研究

6.1　概　　述

文本情感分类是当前机器学习和数据挖掘领域的研究热点之一，它主要是指利用自然语言处理和文本挖掘技术，分析和抽取主观性文本中所表达的情感信息，识别其情感倾向[3]。目前，文本情感分类主要有两类方法：基于情感知识的方法和基于机器学习的方法[3, 99]。基于情感知识的方法主要依靠一些已有的情感词典和语言知识（SentiWordNet、General Inquire、POS Tragger 等）来对文本的情感倾向进行分类。基于情感知识的方法以自然语言处理为基础，但由于目前自然语言处理领域还存在一些关键技术需要突破，并且基于情感知识的方法需要事先构建情感知识库，这大大限制了基于情感知识的方法的进一步发展。因此，越来越多的学者开始关注基于机器学习的方法。基于机器学习的方法主要依靠机器学习中的分类方法来对文本中的情感进行分析，主要包括两个步骤：①通过特征构建技术提取主观性文本的情感信息；②使用分类技术对这些文本中所包含的情感信息进行挖掘。首先，目前使用最多的文本情感分类的特征构建是基于 BOW 框架进行的，在 BOW 框架下文本作为无序词汇的集合。主要使用 *N*-gram 作为词语特征。其中，Pang 等[1]首次将基于机器学习的方法用于篇章级别的文本情感分类，并使用 Unigram 特征得到了最好的分类结果。其次，文本情感分类中常用的技术有 NB、ME 和 SVM 等。虽然基于机器学习的方法在文本情感分类中获得了广泛的应用，但若要得到具有较强泛化能力的分类器，则需要大量的有标记样本。实践中获取有标记样本需要花费大量的时间和精力，获取无标记样本却十分容易[122, 123]。因此，如何利用少量有标记样本和大量无标记样本进行学习成为文本情感分类领域亟待解决的问题。

当前，利用无标记样本的学习方法主要包括主动学习、直推学习和半监督学习[51, 55, 124, 125]。其中，主动学习的过程需要“神谕”的参与；直推学习是建立在“封闭世界”上的方法；半监督学习基于“开放世界”的假设，利用大量的无标记样本辅助学习，以提高学习器的泛化能力。本书主要关注半监督学习。一些学者对文本情感分类中的半监督学习问题进行了初步研究，将其用于基于情感知识的方法，并对文本情感分类中的情感词进行扩展。例如，Turney 和 Littman[34]利用少量的褒义和贬义种子词，首先分别计算面向语义的 PMI 和面向语义的潜在语义分析（latent semantic analysis，LSA）的分数与种子词的相关度，然后预测新的词的情感倾向，最后重复这个过程直到没有新的词可以被标记。这种利用少量有标记数据的扩展情感词的方法本质上是一个自学习的过程。随着研究的开展，学者开始探索将半监督学习用于基于机器学习的方法。例如，Jin 等[126]成功地将协同训练应用于句子级别的文本情感分类，通过选择两个分类器标记句子样本一致性去鉴别相机评论的情感倾向。Wan[127]针对跨语言的文本情感分类问题，将中文和英文看作两个视图，使用协同训练进行分类。Li 等[47]为了满足协同训练需要两个视图的条件，将文本中的句子分为个人视图（personal view）和非个人视图（impersonal view），随后根据协同训练中的差异性定理，提出了一种利用动态 RS 方式产生两个视图的协同训练算法。目前应用于文本情感分类中的半监督学习方法主要是基于分歧的半监督学习方法。相对于生成模型法、基于图的方法和半监督 SVM 等其他半监督学习方法，基于分歧的半监督学习方法较少受到模型假设、损失函数非凸性和数据规模问题的影响，已被成功应用于很多领域。本书主要在基于分歧的半监督学习方法的框架下对文本情感分类进行研究。

基于分歧的半监督学习方法主要通过使用两个或两个以上的分类器来利用无标记数据。最初的基于分歧的半监督学习方法是 Blum 和 Mitchell[61]在 1998 年提出的标准协同训练算法。标准协同训练算法要求训练样本具有两个条件独立性的视图，但在实际应用中训练样本难以满足条件独立性这一条件[128]。因此，一些学者针对标准协同训练算法提出了许多改进方法，其中，Zhou 和 Li[64, 65]提出的多分类器的方法是一个重要的研究方向。多分类器的方法首先构造三个或三个以上的基分类器，然后在学习过程中以“多数帮助少数”的方式为少数分类器提供训练样本。多分类器的方法始于 Zhou 和 Li[64]在 2005 年提出的 Tri-training 算法。Tri-training 算法使用 Bootstrapping 方式训练得到三个分类器，然后利用无标记样本进行训练。随后，Li 和 Zhou[65]将其扩展到更多的分类器的情况，提出了以随机树（random tree）作为固定基分类器的 Co-forest 算法。目前，多分类器的方法主要通过 Bootstrapping 方式产生，Wang 和 Zhou[129]通过理论研究发现多个分类器之间的差异性对于基于多分类器的半监督学习方法至关重要。另外，文本情感分类问题中存在大量的高维、冗余数据，通过 RS 方式相比于 Bootstrapping 方式能够得到差异性更大的初始分类器[99]。因此，在 Tri-training 和 Co-forest 算法的基础上，本书提出 IDSSL，用于解决带有大量无标记样本的文本情感分类问题。该方法首先在有标记样本中随机生成多个子空间，并在每个子空间上训练得到一个分类器；然后利用训练好的分类器对无标记样本进行标记，根据“多数帮助少数”的原则，利用多数分类器对置信度较高的样本进行标记，并把标记后的样本加入少数分类器的有标记训练集中，以便少数分类器利用这些新标记的样本对分类器进行更新，该过程不断迭代，直到满足停止条件；最后将这些分类器以主投票的方式组合成一个分类器。本书结合文本情感分类问题的自身特点，以及基于分歧的半监督学习方法的研究前沿，提出新的文本情感分类方法——IDSSL，一方面对于利用少量有标记样本和大量无标记样本进行文本情感分类研究具有重要的理论价值，另一方面拓展了基于分歧的半监督学习方法的应用领域，具有重要的应用意义。

6.2　基于 IDSSL 的文本情感分类模型

本书以基于分歧的半监督学习方法为基础，提出基于 IDSSL 的文本情感分类模型，用于解决文本情感分类研究中如何利用大量无标记样本提高分类器性能的问题。首先对基于分歧的半监督学习方法的文本情感分类问题进行建模，然后对基于分歧的半监督学习方法进行理论分析，最后提出基于 IDSSL 的文本情感分类方法。

6.2.1　基于分歧的半监督学习方法的文本情感分类建模

文本情感分类通过挖掘和分析网上主观性文本中的立场、观点、情绪等情感信息，对文本中的情感倾向做出类别判断。基于机器学习的方法针对解决文本情感分类问题取得了较好的结果，但若要得到具有强泛化能力的分类器，则通常需要大量的有标记样本。然而在实际文本情感分类应用中，对样本进行标记需要耗费大量的人力、物力。与此同时，很容易获得大量的无标记样本。因此，如何利用大量的无标记样本来改善学习性能已成为当前文本情感分类研究中最受关注的问题之一。本书主要利用半监督学习方法解决上述问题。在众多半监督学习方法中，基于分歧的半监督学习方法是一种有着成熟的理论基础和大量实验验证支持的方法，本书利用基于分歧的半监督学习方法来解决文本情感分类中半监督学习问题。

文本情感分类中的基于分歧的半监督学习问题的形式化定义如下：首先，对网上的主观性文本经过分词、去停用词、词干提取等操作后得到文本情感语料集 $D=\{x_1,x_2,\cdots,x_{l+u}\}\subset X$；然后，对文本情感语料集 D 中的部分样本进行标记，得到有标记样本集 $L=\{(x_1',y_1'),(x_2',y_2'),\cdots,(x_l',y_l')\}\subset X\times Y$，文本情感语料集 D 中剩余的样本作为无标记样本集 $U=\{x_1'',x_2'',\cdots,x_u''\}\subset X$，其中，$x_i$、$x_i'$ 和 $x_i''\in X$，均是 d 维向量的分类特征，y_i 和 $y_i'\in Y$ 是样本 x_i 的标记，l、u 分别是有标记样本集 L、无标记样本集 U 中的样本数量，且 $u\gg l$；基分类器 $f(x)$ 类似集成学习中的基分类器，可以是同种分类器，也可以是异种分类器。最后，利用有标记样本集 L 和无标记样本集 U 进行学习，得到可以准确地对样本 x 预测标记 y 的文本情感分类器 $F(x)$。文本情感分类器 $F(x)$ 是基分类器 $f(x)$ 的组合分类器，组合方式有乘积、主投票等。

6.2.2　基于分歧的半监督学习方法的理论分析

基于分歧的半监督学习方法是目前很流行的一种半监督学习方法。为了使得基于分歧的半监督学习方法能够在文本情感分类领域有效地运行，即有效地利用无标记样本提升分类器的泛化能力，本书提出新的文本情感分类方法——IDSSL。IDSSL 算法的核心思想主要体现在两方面：一方面，Co-training 算法的假设太强，IDSSL 采用多分类器的方法，通过构造多个分类器，以“多数帮助少数”的方式利用无标记样本进行学习；另一方面，文本情感分类问题是一个高维的分类问题，存在成千上万个分类特征，Tri-training 和 Co-forest 算法产生多个分类器的 Bootstrapping 方式存在不足，故 IDSSL 采用 RS 方式来构造基分类器。下面从理论上对以上两个方面进行分析。

1. 基于分歧的半监督学习方法中的多分类器的方法分析

多分类器的方法是标准协同训练算法的改进方法。多分类器的方法首先在有标记样本上生成多个分类器，然后利用多数分类器的信息来排除少数分类器的不确定性，从而改善各个分类器的性能。相较于标准协同训练算法，多分类器的方法泛化能力更强，而且不需要两个条件独立的视图，适用范围更广、效率更高。下面对多分类器的方法的相关定义和公式进行介绍。

对于样本 x，真实标记为 y，分类器 f 对于样本 x 的预测为 $f(x)$，则损失函数[125]定义为

$$c(x, y, f(x)) \in [0, \infty) \tag{6.1}$$

对于多分类器的方法，假设在 L 上产生 k 个分类器，这 k 个分类器的半监督学习模型的学习目标是使式（6.2）最小化：

$$\begin{aligned}(f_1^*, \cdots, f_k^*) = \underset{f_1,\cdots,f_k}{\operatorname{argmin}} \sum_{j=1}^{k} \left(\sum_{i=1}^{l} c(x_i, y_i, f_j(x_i)) + \lambda_1 \Omega_{\mathrm{SL}}(f_j) \right) \\ + \lambda_2 \sum_{u,j=1}^{k} \sum_{i=1}^{u} c(x_i', f_u(x_i'), f_j(x_i))\end{aligned} \tag{6.2}$$

式中，Ω_{SL} 为正则化项，用于惩罚分类器 f 的复杂参数以避免模型过拟合；$\lambda_1, \lambda_2 > 0$ 为正则化参数，用于调节损失函数和正则化项的比例。一般来讲，式（6.2）是有可行解的，即多分类器的方法可以有效地利用无标记样本提高分类器的泛化能力。半监督学习领域 Zhu[59]的评论证明了这一点。但是，Zhu 没有给出多分类器的方法奏效的具体关键因素。

2. 基于分歧的半监督学习方法中分类器之间的差异性分析

自从标准协同训练算法被提出以来，学者一直试图从理论上说明基于分歧的半监督学习方法可行的原因。Wang 等通过差异性定理证明了分类器之间具有较大差异是基于分歧的半监督学习方法能够奏效的关键因素。下面对差异性理论的相关定义和定理进行简单介绍。

假设有两个分类器 f 和 g，则它们之间的差异性 $d(f, g)$[129]定义如下：

$$d(f, g) = P_{x \in D}(f(x) \neq g(x)) \tag{6.3}$$

当知道某分类器的错误率后，利用两个分类器之间的差异性可以估计出另一个分类器的错误率上界。假设分类器 $f_j^i \in H_j\ (j = 1,2)$ 为第 j 个分类器在第 i 轮训练得到的分类器，$H_j\ (j = 1,2)$ 为假设空间（hypothesis class）。令 a_i 和 b_i 分别表示分类器 f_1^i 和 f_2^i 的泛化错误率，利用初始有标记样本 L 学习得到的 f_1^i 和 f_2^i 的泛化错误率满足 $a_0 < \frac{1}{2}$，$b_0 < \frac{1}{2}$，并且初始有标记样本数量 l 满足噪声模型，即

$l \geqslant \max\left(\frac{2}{a_0^2}\ln\frac{2|H_1|}{\delta},\frac{2}{b_0^2}\ln\frac{2|H_2|}{\delta}\right)$，其中，$\delta$为学习过程中的置信度参数。令$A_i$和$B_i$分别表示分类器$f_1^i$和$f_2^i$的错误率上界，$A_0=a_0,B_0=b_0$。研究基于分歧的半监督学习方法是否能够利用无标记样本提高泛化性能，需要分析分类器f_1^i和f_2^i的错误率上界A_i和B_i。下面给出定理来说明满足何种条件时基于分歧的半监督学习方法可以利用无标记样本提高泛化性能。

基于分歧的半监督学习方法中的分类器f_1^i和f_2^i（$i\geqslant 1$）错误率满足：

$$P(d(f_1^i,f^*)\leqslant A_i)\geqslant 1-\delta \quad ,\ A_i=a_0-\frac{v\cdot\Theta_i}{2l} \quad ,\ i\leqslant\frac{v\cdot\Theta_i^2+4l\cdot a_0\cdot\Theta_i}{4l\cdot a_0^2} \tag{6.4}$$

$$P(d(f_2^i,f^*)\leqslant B_i)\geqslant 1-\delta \quad ,\ B_i=b_0-\frac{v\cdot\Delta_i}{2l} \quad ,\ i\leqslant\frac{v\cdot\Delta_i^2+4l\cdot b_0\cdot\Delta_i}{4l\cdot b_0^2} \tag{6.5}$$

式中，v为每次训练添加的无标记样本数量；$\Theta_i=\sum_{k=0}^{i-1}(d(f_1^i,f_2^k-b_k))$，$\Delta_i=\sum_{k=0}^{i-1}(d(f_1^k,f_2^i-a_k))$；$f^*$为错误率为0的最优分类器。

此定理表明，利用多视图的标准协同训练算法、利用不同学习算法的单视图的方法（如Statistic Co-learning算法）、采用多分类器的方法（如Tri-training和Co-forest算法）等都是为了使初始分类器具有较大的差异性。只要基于分歧的半监督学习方法中初始分类器具有较大的差异性，就能够利用无标记样本辅助有标记样本提高泛化性能，而且分类器之间差异性越大，基于分歧的半监督学习方法提升分类器性能的效果越好。因此，对于采用多分类器的方法，需要构建多个具有较大差异性的初始分类器。

针对多分类器的方法如何构建多个差异性较大的分类器，一些集成学习方法提供了思路。对于集成学习方法，分类器间的差异性同样很重要，差异性越大，集成的效果越好。因此，Zhou和Li[64, 65]提出了利用Bagging算法中的Bootstrapping方式构建3个差异性分类器的Tri-training算法，随后又将其扩展到了多个分类器，提出了Co-forest算法。最新的研究表明，对于文本情感分类问题，RS算法相比于Bootstrapping方式更合适。其主要原因在于文本情感分类问题的分类特征往往成千上万，并且存在一定的噪声。相对于Bootstrapping方式，RS算法能通过将分类特征划分为不同子集的方式使得分类器之间的差异性增大，同时能够缓解高维和噪声问题。因此，IDSSL采用RS算法在文本情感分类数据中构建多个差异性分类器。

6.2.3　基于 IDSSL 的文本情感分类方法

IDSSL 算法是对基于分歧的半监督学习方法的改进，主要用于解决文本情感分类领域的半监督学习问题。IDSSL 算法的核心思想是采用多分类器的方法和 RS 算法。IDSSL 算法主要分为三个步骤：首先，用有标记样本集 L 构建初始分类器；然后，利用多数分类器对无标记样本集 U 的预测来扩大少数分类器的有标记样本集，重新训练分类器；最后，输出最终分类器 $F(x)$。

1. 构建初始分类器

IDSSL 算法构建初始分类器的步骤如下：对于 d 维样本 $x \in L$，即 $x = \{e_1, e_2, \cdots, e_d\}$，子空间为 r 维，满足 $r < d$。首先，在原始 d 维特征空间中随机选择 r 个特征构建 r 维子空间样本 $x_{\text{sub}} = \{e_1^s, e_2^s, \cdots, e_r^s\}$。这样就可以构建由 r 维样本 x_{sub} 组成的有标记样本的子空间集合 L_{sub}。重复此过程 K 次，得到样本特征空间的 K 个子空间，$L_{\text{sub}_k}(1 \leqslant k \leqslant K)$。然后，在每个子空间集合 L_{sub} 上使用分类技术训练得到分类器 f_i，以此构建 K 个分类器 $f_i(1 \leqslant k \leqslant K)$。

2. 扩大有标记样本集

对于 IDSSL 算法利用无标记样本的训练过程，本书借鉴 Tri-training 和 Co-forest 算法，以“多数帮助少数”的方式为少数分类器产生伪标记样本。为了提高多数分类器为少数分类器提供的伪标记样本的准确率，本书利用 K–1 个分类器为 1 个分类器提供伪标记样本。具体来讲，在每次迭代中，为了选择合适的无标记样本来扩大少数分类器的训练集，用 K–1 个分类器对无标记样本进行预测，将 K–1 个分类器的预测结果集成，并选择集成结果中置信度最高的样本加入剩余的 1 个分类器的训练集中。为了进一步降低添加样本的错误率，本书采用多分类器的方法中特有的置信度 ϕ 控制添加样本。具体来讲，对于 K–1 个分类器，如果对于 1 个无标记样本所做标记的分类器比例超过预先设置的置信度 ϕ，就将这个样本连同所做的标记一起加入剩余的 1 个分类器的训练集中。

假设有 N 个分类器 f，对于某个样本 x，在二分类问题中，若有 m 个分类器预测为正例，有 $N-m$ 个分类器预测为反例，则置信度 ϕ 为

$$\phi = \frac{\max(m, N-m)}{N} \tag{6.6}$$

3. 集成分类器

训练完成后，得到 K 个分类器，分别对文本情感分析的测试样本进行分类，最后以主投票的方式将 K 个分类器进行集成。

$$F(x) = \arg\max_{y \in Y} \sum_{i=1}^{K} 1(y = f_i(x)) \tag{6.7}$$

综上所述，IDSSL 算法的伪代码如图 6.1 所示。

Input： Labeled example set L %有标记样本集
Unlabeled example set U %无标记样本集
Base learning algorithm f %基分类器
Maximum number of learning rounds T %最大迭代次数
Number of selected feature rate sub_{rate} %子空间维数比率
The add number of each class p and n %各类别样本添加量
Number of subspace K %子空间数量

Process

For $i = 1, 2, \cdots, K$
　$L_i = L$
　$Seed_i$ = Random Seed(L, sub_{rate}) %产生随机数
　L_{sub_1} = Subspace(L_i , sub_{rate}, $Seed_i$) %构建子空间
　$f_i = f(L_{sub_1})$ %训练分类器
End
For $t = 1, 2, \cdots, T$
　For $i = 1, 2, \cdots, K$
　%将分类器 $f_1, f_2, \cdots, f_j, \cdots, f_K$ 利用主投票的方式合成一个分类器 $F_i' \ (i \neq j)$
　$F'(x) = \text{argmax}_{y \in Y} \sum_{j=1}^{K} 1(y = f_j(x))(i \neq j)$
　% F_i' 选择正例置信度最高的 p 个样本和反例置信度最高的 n 个样本，并且满足 $\varphi(x) > \varphi$，则标上
　%相应的伪标记，加入临时标记样本集 L_i' 中
　$L_i = L_i \cup L_i'$ %将临时标记样本集 L_i' 与分类器 f_i 所对应的训练集 L_i 合并
　End
　$L' = L_1' \cup L_2' \cup \cdots \cup L_K'$
　$U = U - L'$ %从无标记样本集中删除已添加的样本
　For $i = 1, 2, \cdots, K$ %重新训练分类器
　　$L_{sub_1} = \text{Subspace}(L_i, k, \text{Seed}_i)$
　　$f_i = f(L_{sub_1})$
　End
End

Output： $F(x) = \text{argmax}_{y \in Y} \sum_{i=1}^{K} 1(y = f_i(x))$

图 6.1　IDSSL 算法的伪代码

6.3 实验设计

6.3.1 实验数据集和评价指标

为了验证 IDSSL 算法在文本情感分类领域应用的有效性，本书选取经典的情感语料集进行实验。该语料集是 Blitzer 收集的多领域情感语料集，主要包括 Book、DVD、Electronic 和 Kitchen 4 个子集，每个子集分别包括 1000 个正面评论和 1000 个负面评论。本实验采用目前文本情感分类领域常用的评价指标——平均分类精度。

6.3.2 实验流程

本实验的计算机配置如下：Windows 7 操作系统、3.10GHz AMD FX(tm)-8102 八核 CPU 和 8GB 内存。使用数据挖掘工具 WEKA3.7.0。首先使用 WEKA 自带的 StringToWordVector 工具剔除停用词，将原始文本语料转化为 WEKA 所识别的 ARFF 文件格式，最终，Book、DVD、Electronic 和 Kitchen 等 4 个子集分别获得 23319 个、23892 个、12298 个和 10371 个分类特征。

本实验选用目前在文本情感分类领域常用的分类器 SVM 作为基分类器，对 IDSSL 算法在文本情感分类领域的有效性进行验证。本书提出的 IDSSL 算法属于基于分歧的半监督方法，为此，对比实验选取目前 4 个较新的基于分歧的半监督学习方法：Self-training、Co-training、Tri-training 和 Co-forest 算法。其中，Self-training、Co-training、Tri-training 和 IDSSL 算法选取 SVM 作为基分类器，Co-forest 算法使用 random tree 作为基分类器。SVM 通过 WEKA 下的 SMO 模块来具体实现。由于 SVM 不是概率型分类器，通过 WEKA 自带的 SetBuildLogistic 函数使得 SVM 对于每个样本都有不同的分类置信度。Tri-training 和 Co-forest 算法来自 Zhou 和 Li[64, 65]的源代码，Self-training、Co-training、IDSSL 算法是在 Eclipse 环境下自行编程实现的。由于 Co-training 算法需要两个天然的视图，本实验将属性集随机划分成两个大小相近的互斥子集。Self-training、Co-training、Tri-training 和 IDSSL 等算法最大迭代次数设置为 50。IDSSL 算法的子空间数量设置为 10，子空间维数比率根据前期初步实验设置为 0.5，置信度阈值亦根据前期初步实验设置为 0.8。由于样本添加量对于 Self-training、Co-training 和 IDSSL 等算法有着重要影响，但是最优的样本添加量无法确定，并且由于实验数据集的正负类别比例为 1∶1，本实验将每个类别的样本添加量分别设置为 1、5、10、15。

为了提高实验结果的可信度和有效性，实验过程使用 5 次 10 折交叉验证法，即将初始样本集划分为 10 个近似相等的数据集，每个数据集中属于各分类的样本所占的比例与初始样本集中的比例相同，在每次实验中用其中的 1 个数据集作为测试集，用剩下的 9 个数据集组成训练集，其中将训练集按照标记比例选取有标记样本集，剩余的训练集作为无标记样本集，轮转一遍进行 10 次实验。因此，本书的实验结果为 5 次 10 折交叉验证的平均值。为了研究初始标记样本大小对于结果的影响，训练集标记比例依次选取 20%、40%、60%、80%。整体实验流程如图 6.2 所示。

6.4　实验结果分析与讨论

6.4.1　实验结果

根据以上实验设计，最终实验结果如表 6.1 所示。其中，带有波浪线的数据表示局部最大值。

根据表 6.1 的结果，首先，相对于 SVM，以及采用 SVM 作为基分类器的 Self-training、Co-training、Tri-training 和 IDSSL 算法，由于 Co-forest 算法采用 random tree 作为基分类器，取得了较差的实验结果，这与前人的研究结果一致，也进一步证明了 DT 在文本情感分类领域应用效果较差。此外，由于 Co-forest 算法的实验结果明显劣于其他方法，在后续的分析和讨论中不再重点讨论。其次，四种半监督学习方法 Self-training、Co-training、Tri-training 和 IDSSL 在分类精度上较基分类器 SVM 都有了显著提高，例如，对于 Book 数据集，当标记比例为 20%时，Self-training 算法的分类精度为 71.57%，Co-training 算法的分类精度为 71.68%，

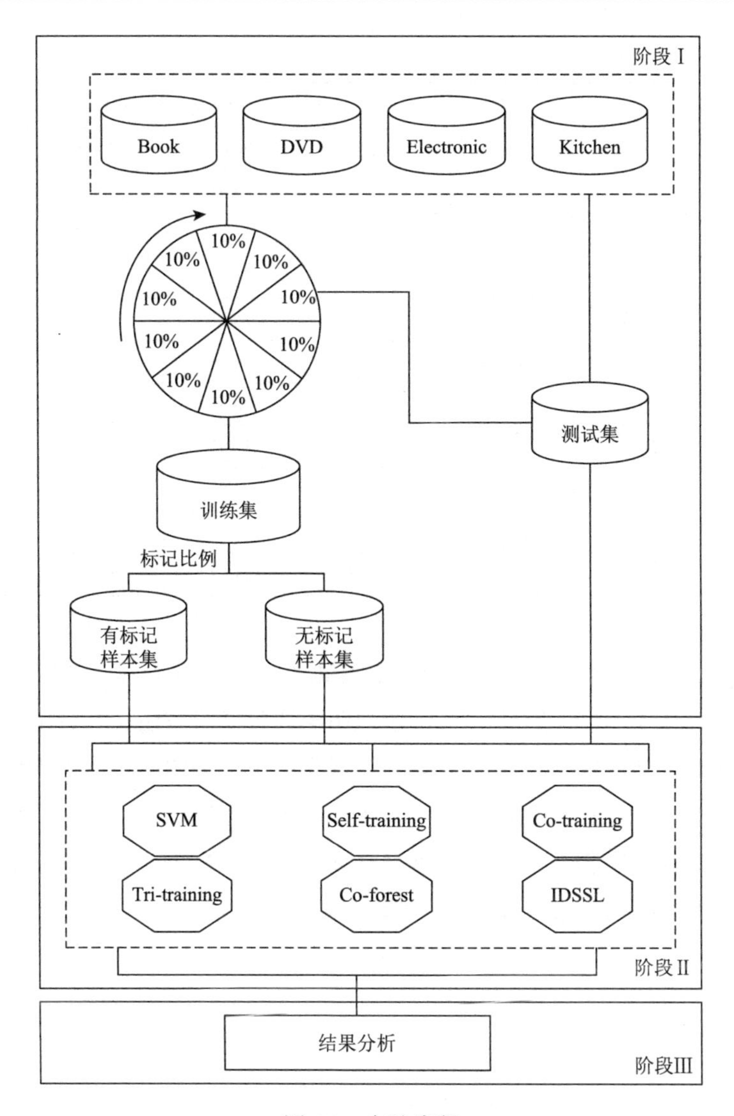

图 6.2　实验流程

表 6.1　实验结果　（单位：%）

数据集		SVM	Self-training	Co-training	Tri-training	IDSSL
Book	20%	69.67	71.57	71.68	70.19	72.58
	40%	72.65	74.82	75.42	73.71	75.60
	60%	74.33	76.37	76.47	75.77	77.40
	80%	75.68	76.61	76.74	76.33	78.11
DVD	20%	69.79	71.98	72.74	71.06	73.50

续表

数据集		SVM	Self-training	Co-training	Tri-training	IDSSL
DVD	40%	74.27	76.51	76.47	74.90	77.18
	60%	75.82	77.71	77.53	76.22	78.90
	80%	77.90	78.83	78.19	78.24	79.85
Electronic	20%	73.80	75.71	75.60	74.21	76.49
	40%	77.24	78.78	78.11	77.63	79.36
	60%	78.40	79.85	79.66	78.68	80.60
	80%	79.22	80.42	80.61	79.65	81.12
Kitchen	20%	75.65	78.37	77.02	76.29	78.59
	40%	79.31	80.98	80.56	79.80	81.72
	60%	80.15	81.48	81.25	81.36	82.45
	80%	81.46	82.93	83.27	82.49	83.55

Tri-training 算法的分类精度为 70.19%，IDSSL 算法的分类精度为 72.58%，均高于基分类器 SVM 的分类精度 69.67%，这说明半监督学习方法在文本情感分类中应用的有效性。此外，IDSSL 算法在 4 个数据集中在不同的标记比例下均取得了最好的结果，例如，对于 DVD 数据集，当标记比例分别为 20%、40%、60%和 80%时，IDSSL 算法均取得了最高的分类精度 73.50%、77.18%、78.90%和 79.85%，这也说明了本书提出的 IDSSL 算法的有效性。

6.4.2　分析与讨论

1. 不同半监督学习方法的对比分析

为了分析这四种半监督学习方法在文本情感分类中应用的不同效果，分别采用式（6.8）计算不同半监督学习方法相对于基分类器 SVM 的分类精度提高的百分比，得到图 6.3。

$$\text{Improvement}=\frac{\text{Average Accuracy}_{\text{半监督学习}}-\text{Average Accuracy}_{\text{基分类器}}}{\text{Average Accuracy}_{\text{基分类器}}} \tag{6.8}$$

如图 6.3 所示，可以看出：首先，在四种半监督学习方法中，IDSSL 算法较 Self-training、Co-training 和 Tri-training 算法在文本情感分类中应用更为有效，主

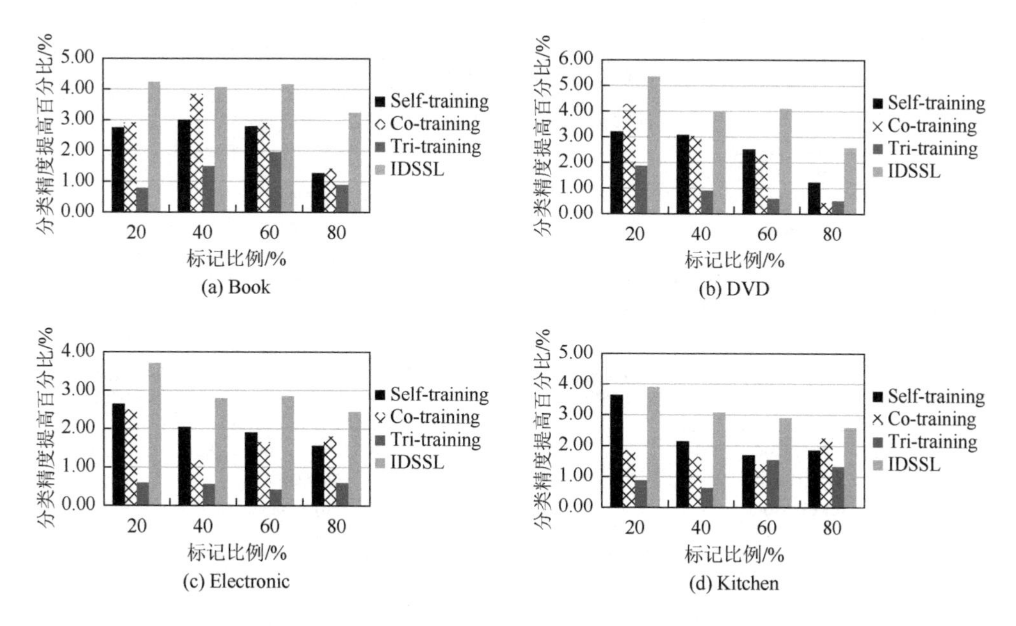

图 6.3　不同半监督学习方法的分类精度提高结果分析

要原因在于其采用多分类器和 RS 算法。多分类器使得 IDSSL 更加具有泛化能力，同时文本情感分类本质上属于文本分类的范畴，文本分类中存在大量冗余分类特征，RS 可以得到差异性比较好的多个分类器，使得 IDSSL 能很好地利用无标记样本进行学习。其次，Tri-training 算法相对 Self-training 和 Co-training 算法效果不佳，主要原因是在高维且样本数量较少的情况下，Bootstrapping 方式所产生的初始分类器差异性不大，无法发挥多分类器的优势。最后，Co-training 算法在大多数情况下的分类精度要差于 Self-training 算法，此结果与已有的文献结果是一致的，主要原因是 Co-training 算法采用随机划分属性方式产生的视图不满足条件独立性假设，无法充分发挥多视图学习的优势。

2. 样本标记比例对半监督学习方法的影响分析

半监督学习方法的一个重要参数就是样本标记比例，接下来就样本标记比例对半监督学习方法的影响进行分析。样本标记比例分别取 20%、40%、60%和 80%，得到图 6.4 所示的结果。

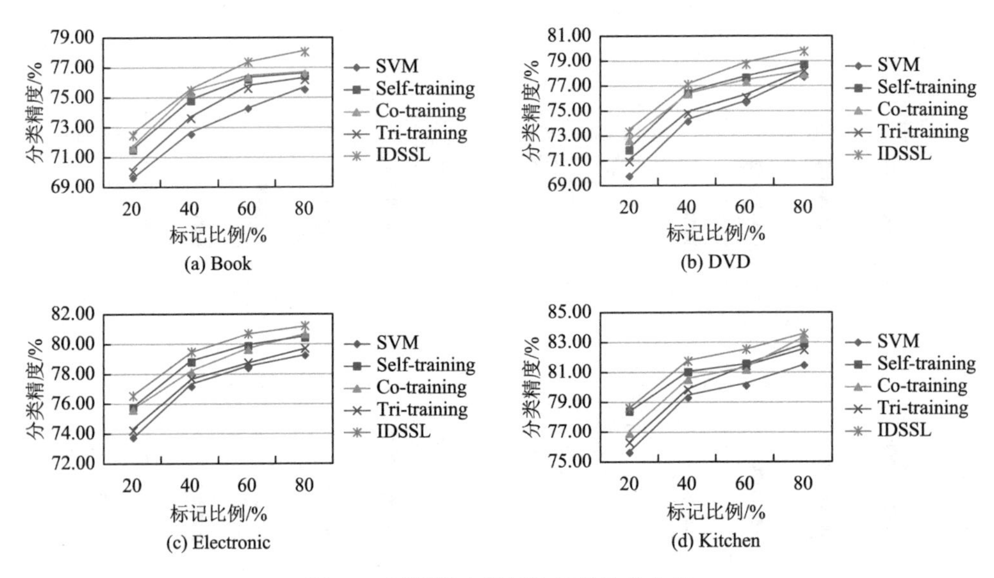

图 6.4　不同样本标记比例的结果分析

从图 6.4 中可以看出：一方面，随着样本标记比例的增加，四种半监督学习方法的分类精度提升；另一方面，虽然半监督学习方法能够利用无标记样本提高分类精度，但是标记样本的数量对于分类器是很重要的。样本标记比例达到 60%时最差的分类器取得的分类精度也比样本标记比例为 20%时最好的分类器取得的分类精度要好，这充分说明了有标记样本的重要性，在实践中虽然可以通过半监督学习方法来利用无标记样本，但能够获得足够多的、准确的有标记样本对于机器学习问题至关重要。

3. 样本添加量对于 IDSSL 算法的影响分析

IDSSL 算法的一个重要参数就是样本添加量，其对 IDSSL 算法的分类精度有着重要影响。下面就对该参数进行分析，根据前面的实验设计，IDSSL 算法中样本添加量分别取 2、10、20、30，得到图 6.5 所示的结果。

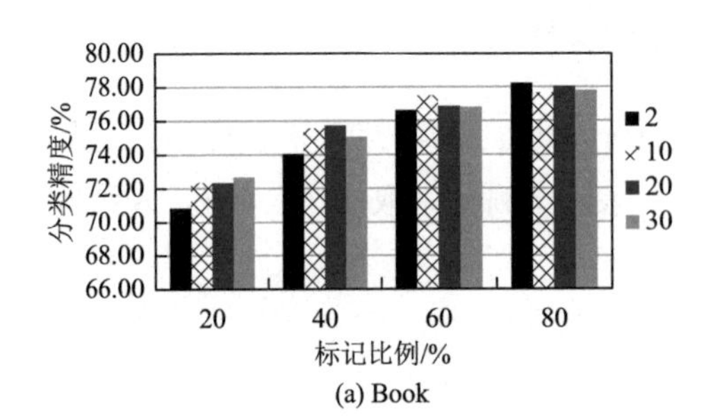

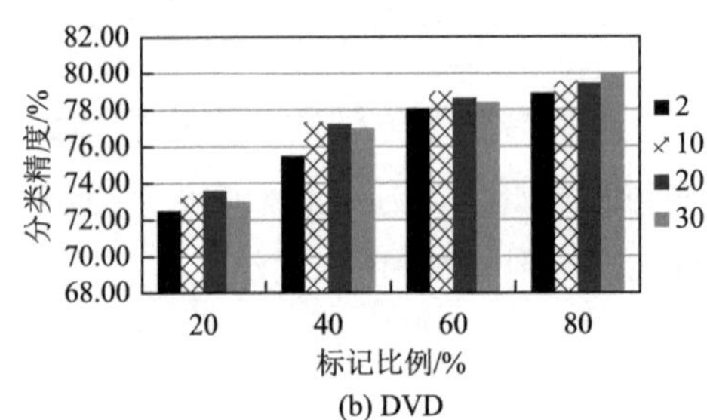

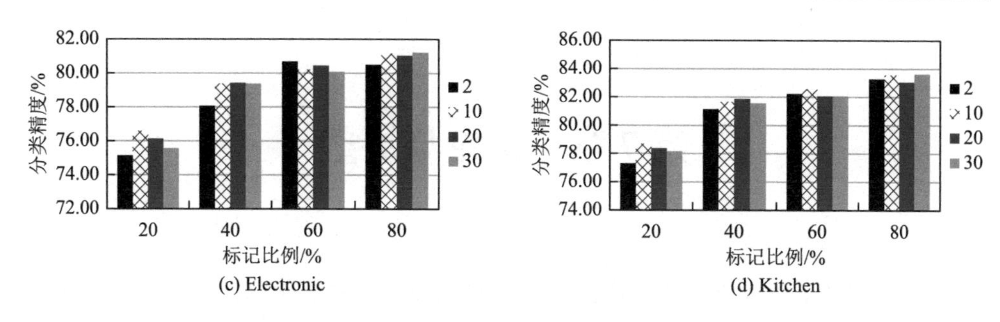

(c) Electronic　　(d) Kitchen

图 6.5　不同样本添加量的结果分析

从图 6.5 中可以看出，大部分情况下，增加样本添加量可以进一步提高 IDSSL 算法的分类精度。这主要是因为在训练过程中，随着样本添加量增加，最终添加到有标记样本集中的样本数量增加，从而使得分类器的差异性变大，根据第 2 章的理论分析可知，差异性更大的多分类器可以使得 IDSSL 算法获得更高的分类精度。

第 7 章　结论与展望

本书对基于集成学习的文本情感分类问题进行了系统研究，在文献综述的基础上，对集成学习在文本情感分类问题中进行了比较研究，以此为基础，分别针对文本情感分类中的高维数据问题，提出了基于 POS-RS 的文本情感分类方法，针对文本情感分类中的非均衡数据问题，提出了基于非均衡数据分类和词性分析的文本情感分类方法，针对文本情感分类中的无标签数据问题，提出了基于 IDSSL 的文本情感分类方法。下面就对本书的主要贡献，以及研究的不足和展望进行分析。

7.1　结　　论

本书的主要贡献如下。

第一，系统比较分析集成学习方法在文本情感分类中的应用。实证分析常见的集成学习方法 Bagging、Boosting 和 RS，并分别使用 NB、ME、DT、KNN、SVM 作为基分类器，采用 Unigram 和 Bigram 方法抽取分类特征，使用 TP、TF、TF-IDF 作为权重计算方法，对比分析集成学习在文本情感分类中的应用。根据 1200 组对比实验，验证了集成学习方法在文本情感分类问题中的有效性，并首次发现 RS 算法在文本情感分类中较其他集成学习方法更为有效。

第二，针对文本情感分类中的高维数据问题，提出了基于 POS-RS 的文本情感分类方法。由于文本情感分类问题中分类特征维度较高，本书结合计算语言学词法分析技术，对文本情感分类问题的特征进行约简，提出了 POS-RS 算法。该方法主要在基于集成学习的文本情感分类比较研究的基础上，采用内容词子空间比率和功能词子空间比率两个参数来协调基分类器的准确性和差异性。通过实验证明 POS-RS 算法取得了比其他对比方法都要好的实验结果，并且相对于基分类器 SVM，POS-RS 算法可以同时减小偏差和方差，并在 10 个实验数据集上取得了最小偏差。

第三，针对文本情感分类中的非均衡数据问题，提出了基于非均衡数据分类和词性分析的文本情感分类方法。目前对文本情感分类问题中的数据非均衡分布问题的研究还较少，本书提出基于非均衡数据分类和词性分析的文本情感分类方法。该方法综合基于情感知识和基于机器学习两种文本情感分类方法，首先，分析电子商务评论的语言特征，对电子商务评论中词语的词性进行分析，提出留词性和去词性两种分析方法；其次，根据文本情感分类中数据非均衡分布的特征，提出基于非均衡数据分类的文本情感分类方法；最后，以携程网、京东商城和当当网三个电子商务网站的用户评论为语料库，对本书提出的方法进行检验，实验结果验证了本书提出的基于非均衡数据分类和词性分析的文本情感分类方法的有效性，并且采用去词性分析方法时，RS 在所有测试集上均取得了最好的分类结果。

第四，针对文本情感分类中的无标签数据问题，提出了基于 IDSSL 的文本情感分类方法。文本情感分析中存在大量无标记样本，如何利用大量无标记样本和少量有标记样本进行学习已成为文本情感分析领域亟待解决的问题之一。为此，本书提出一种改进的半监督文本情感分类方法——IDSSL 算法，该方法以基于分歧的半监督方法为框架，首先利用 RS 方式构建多个初始分类器，然后以“多数帮助少数”的方式利用无标记样本训练分类器，最后在情感分析经典数据集上进行实验，结果证明了本书提出的方法的有效性，而且取得了比其他半监督学习方法都好的实验结果。

7.2　展　　望

本书虽然取得了一些有价值的研究成果，但很多方面还有待进一步完善，具体而言下述三个方面还有待进一步的研究。

第一，关于基于集成学习的文本情感分类方法的理论研究方面。本书针对文本情感分类问题的高维数据、非均衡数据和无标签数据问题，分别提出了基于 POS-RS 的文本情感分类方法、基于非均衡数据分类和词性分析的文本情感分类方法，以及基于 IDSSL 的文本情感分类方法。虽然已通过实验的方法验证了本书提出方法的有效性，但未来还需从理论上对其进行分析，并根据相应的理论研究成果，对基于集成学习的文本情感分类研究进行丰富。

第二，本书基于集成学习对文本情感分类问题的高维数据、非均衡数据和无标签数据等问题进行系统研究，考虑集成学习方法的计算复杂度，并没有涉及深度学习的相关方法。近些年来，深度学习在文本处理方面的优势逐渐显现，计算成本也在加速下降，未来的研究中可以进一步考虑深度学习模型在文本表示学习、文本情感识别和分类等方面的使用。

第三，进一步在实践中检验基于集成学习的文本情感分类方法的有效性。文本情感分类方法已经在实践中广泛应用，还需要进一步在实践中检验基于集成学习的文本情感分类方法的有效性。这主要包括两个层次的内容：一是在实践中通过更多的数据集来检验本书提出方法的有效性；二是在更广泛的范围内应用基于集成学习的文本情感分类方法检验该方法的有效性。

参 考 文 献

[1] Pang B，Lee L，Vaithyanathan S. Thumbs up？：Sentiment classification using machine learning techniques. Stroudsburg：Proceedings of the ACL-02 Conference on Empirical Methods in Natural Language Processing，2002：1-9.

[2] Abbasi A，Chen H，Salem A. Sentiment analysis in multiple languages：Feature selection for opinion classification in Web forums. ACM Transactions on Information Systems，2008，26（3）：1-34.

[3] Pang B，Lee L. Opinion mining and sentiment analysis. Foundations and Trends in Information Retrieval，2008，2（1-2）：1-135.

[4] Wang G，Sun J，Ma J，et al. Sentiment classification：The contribution of ensemble learning. Decision Support Systems，2014，57：77-93.

[5] 王刚，王珏，杨善林. 电子商务中基于非均衡数据分类和词性分析的意见挖掘研究. 情报学报，2014，33（3）：313-325.

[6] Ohana B，Tierney B. Sentiment classification of reviews using SentiWordNet. Dublin：9th. IT&T Conference，2009：1-9.

[7] Hatzivassiloglou V，McKeown K R. Predicting the semantic orientation of adjectives. Stroudsburg：Proceedings of the 35th Annual Meeting of the Association for Computational Linguistics and Eighth Conference of the European Chapter of the Association for Computational Linguistics，1997：174-181.

[8] Turney P D. Thumbs up or thumbs down？：Semantic orientation applied to unsupervised classification of reviews. Philadelphia：Proceedings of the 40th Annual Meeting on Association for Computational Linguistics，2002：417-424.

[9] Dietterich T G. Machine-learning research. AI Magazine，1997，18（4）：97.

[10] Polikar R. Ensemble based systems in decision making. Circuits and Systems Magazine，IEEE，2006，6（3）：21-45.

[11] Dasarathy B，Sheela B V. A composite classifier system design：Concepts and methodology. Proceedings of the IEEE，1979，67（5）：708-713.

[12] Hansen L K，Salamon P. Neural network ensembles. IEEE Transactions on Pattern Analysis and Machine Intelligence，1990，12（10）：993-1001.

[13] Schapire R E. The strength of weak learnability. Machine Learning，1990，5（2）：197-227.

[14] Breiman L. Bagging predictors. Machine Learning，1996，24（2）：123-140.

[15] Freund Y，Schapire R E. Experiments with a new boosting algorithm. San Mateo：Morgan Kaufmann Publishers，Inc，1996.

[16] Ho T K. The random subspace method for constructing decision forests. IEEE Transactions on

Pattern Analysis and Machine Intelligence，1998，20（8）：832-844.
[17] Bryll R，Gutierrez-Osuna R，Quek F. Attribute bagging：Improving accuracy of classifier ensembles by using random feature subsets. Pattern Recognition，2003，36（6）：1291-1302.
[18] Wolpert D H. Stacked generalization. Neural Networks，1992，5（2）：241-259.
[19] Gama J，Brazdil P. Cascade generalization. Machine Learning，2000，41（3）：315-343.
[20] Dietterich T G，Bakiri G. Solving multiclass learning problems via error-correcting output codes. Journal of Artificial Intelligence Research，1995，2：263-286.
[21] Huang Y，Suen C. The behavior-knowledge space method for combination of multiple classifiers. New York：Proceedings of IEEE Conference on Computer Vision and Pattern Recognition，1993：347-352.
[22] Bi Y，Guan J，Bell D. The combination of multiple classifiers using an evidential reasoning approach. Artificial Intelligence，2008，172（15）：1731-1751.
[23] Vilalta R，Drissi Y. A perspective view and survey of meta-learning. Artificial Intelligence Review，2002，18（2）：77-95.
[24] Dietterich T. Ensemble methods in machine learning. Corvallis：Multiple Classifier Systems，2000：1-15.
[25] Krogh A，Vedelsby J. Neural network ensembles，cross validation，and active learning. Denver：Advances in Neural Information Processing Systems，1995：231-238.
[26] Schapire R E. Boosting the margin：A new explanation for the effectiveness of voting methods. The Annals of Statistics，1998，26（5）：1651-1686.
[27] Rudin C，Daubechies I，Schapire R E. The dynamics of AdaBoost：Cyclic behavior and convergence of margins. The Journal of Machine Learning Research，2004，5：1557-1595.
[28] 杨长盛，陶亮，曹振天，等. 基于成对差异性度量的选择性集成方法. 模式识别与人工智能，2010（4）：565-571.
[29] Kuncheva L I，Whitaker C J. Measures of diversity in classifier ensembles and their relationship with the ensemble accuracy. Machine Learning，2003，51（2）：181-207.
[30] 李实，叶强，李一均，等. 中文网络客户评论的产品特征挖掘方法研究. 管理科学学报，2009，12（2）：142-152.
[31] 张紫琼，叶强，李一军. 互联网商品评论情感分析研究综述. 管理科学学报，2010，13（6）：84-96.
[32] Liu B. Sentiment analysis and opinion mining. Synthesis Lectures on Human Language Technologies，2012，5（1）：1-167.
[33] Hu M，Liu B. Mining and summarizing customer reviews. Seattle：Proceedings of the Tenth ACM SIGKDD International Conference on Knowledge Discovery and Data Mining，2004：168-177.
[34] Turney P D，Littman M L. Measuring praise and criticism：Inference of semantic orientation from association. ACM Transactions on Information Systems，2003，21（4）：315-346.
[35] 王刚，杨善林. 基于 RS-SVM 的网络商品评论情感分析研究. 计算机科学，2013，40（11）：274-277.
[36] He H，Garcia E A. Learning from imbalanced data. IEEE Transactions on Knowledge & Data

Engineering，2009，21（9）：1263-1284.
[37] Japkowicz N. Learning from imbalanced data sets. AI Magazine，2000，21（9）：1263-1284.
[38] Zheng Z，Srihari R. Optimally Combining Positive and Negative Features for Text Categorization. Washington DC：Workshop for Learning From Imbalanced Datasets II，2003.
[39] Chawla N V，Japkowicz N，Kotcz A. Editorial：Special issue on learning from imbalanced data sets. ACM Sigkdd Explorations Newsletter，2004，6（1）：1-6.
[40] Weiss G M. Mining with rarity：A unifying framework. ACM Sigkdd Explorations Newsletter，2004，6（1）：7-19.
[41] Chawla N V，Bowyer K W，Hall L O，et al. SMOTE：Synthetic minority over-sampling technique. Journal of Artificial Intelligence Research，2002，16（1）：321-357.
[42] Han H，Wang W Y，Mao B H. Borderline-SMOTE：A new over-sampling method in imbalanced data sets learning. Lecture Notes in Computer Science，2005，3644（5）：878-887.
[43] He H B，Bai Y，Garcia E A，et al. ADASYN：Adaptive synthetic sampling approach for imbalanced learning. Hong Kong：IEEE International Joint Conference on Neural Networks，2008：1322-1328.
[44] Tomek I. Two modifications of CNN. IEEE Transactions on Systems Man & Cybernetics，1976，6（11）：769-772.
[45] Wilson D L. Asymptotic properties of nearest neighbor rules using edited data. IEEE Transactions on Systems Man & Cybernetics，2007，2（3）：408-421.
[46] Laurikkala J. Improving Identification of Difficult Small Classes by Balancing Class Distribution. Berlin：Springer-Verlag，2001.
[47] Li S，Huang C R. Employing personal/impersonal views in supervised and semi-supervised sentiment classification. Uppsala：Proceedings of the 48th Annual Meeting of the Association for Computational Linguistics，2010：414-423.
[48] Li S，Wang Z Q. Semi-supervised learning for imbalanced sentiment classification. Barcelona：IJCAI Proceedings-International Joint Conference on Artificial Intelligence，2011：1826-1831.
[49] Yu N. Exploring Co-training strategies for opinion detection. Journal of the Association for Information Science and Technology，2014，65（10）：2098-2110.
[50] 周志华，王珏. 半监督学习中的协同训练风范. 机器学习及其应用. 北京：清华大学出版社，2007.
[51] Chapelle O，Schölkopf B，Zien A. Semi-supervised Learning. Cambridge：MIT Press，2006.
[52] 刘建伟，刘媛，罗雄麟. 半监督学习方法. 计算机学报，2014，37（39）：1-37.
[53] Miller D J，Uyar H S. A mixture of experts classifier with learning based on both labelled and unlabelled data. Denver：Advances in Neural Information Processing Systems，1997：571-577.
[54] Nigam K. Using Unlabeled Data to Improve Text Classification. Pittsburgh：Carnegie Mellon University，2001.
[55] Zhou Z H，Li M. Semi-supervised learning by disagreement. Knowledge and Information Systems，2010，24（3）：415-439.
[56] Teicher H. Identifiability of finite mixtures. The Annals of Mathematical Statistics，1963，

34（4）：1265-1269.

[57] Nigam K，McCallum A K，Thrun S B，et al. Text classification from labeled and unlabeled documents using EM. Machine Learning，2000，39（2-3）：103-134.

[58] Zhu X，Ghahramani Z. Towards Semi-supervised Classification with Markov Random Fields. Pittsburgh：Carnegie Mellon University，2002.

[59] Zhu X. Semi-supervised Learning Literature Survey. Madison：University of Wisconsin-Madison，2006.

[60] Cristianini T. Convex methods for transduction. Advances in Neural Information Processing Systems，2004，16：73.

[61] Blum A，Mitchell T. Combining labeled and unlabeled data with co-training. Madison：Proceedings of the Eleventh Annual Conference on Computational Learning Theory，1998：92-100.

[62] Goldman S，Zhou Y. Enhancing supervised learning with unlabeled data. St. Louis：ICML. 2000：327-334.

[63] Zhou Y，Goldman S. Democratic co-learning. Boca Raton：IEEE International Conference on Tools with Artificial Intelligence，2004：1-9.

[64] Zhou Z H，Li M. Tri-training：Exploiting unlabeled data using three classifiers. Knowledge and Data Engineering，IEEE Transactions on，2005，17（11）：1529-1541.

[65] Li M，Zhou Z H. Improve computer-aided diagnosis with machine learning techniques using undiagnosed samples. Systems，Man and Cybernetics，Part A：Systems and Humans，IEEE Transactions on，2007，37（6）：1088-1098.

[66] Ravi K，Ravi V. A survey on opinion mining and sentiment analysis：Tasks，approaches and applications. Knowledge-based Systems，2015，89（11）：14-46.

[67] Zhang C，Zeng D，Li J，et al. Sentiment analysis of Chinese documents：From sentence to document level. Journal of the American Society for Information Science and Technology，2009，60（12）：2474-2487.

[68] Delacroix L. Longman Advanced American Dictionary. Edinburgh：Pearson Education，2007.

[69] Chen H，Yang C. Special issue on social media analytics：Understanding the pulse of the society. Systems，Man and Cybernetics，Part A：Systems and Humans，IEEE Transactions on，2011，41（5）：826-827.

[70] Boiy E，Moens M F. A machine learning approach to sentiment analysis in multilingual web texts. Information Retrieval，2009，12（5）：526-558.

[71] Feldman R. Techniques and applications for sentiment analysis. Communications of the ACM，2013，56（4）：82-89.

[72] Taboada M，Brooke J，Tofiloski M，et al. Lexicon-based methods for sentiment analysis. Computational Linguistics，2011，37（2）：267-307.

[73] Xia R，Zong C，Li S. Ensemble of feature sets and classification algorithms for sentiment classification. Information Sciences，2011，181（6）：1138-1152.

[74] Whitehead M，Yaeger L. Sentiment mining using ensemble classification models. Bridgeport：Proceedings of the 2008 International Conference on Systems，Computing Sciences and Software

Engineering，2010：509-514..
[75] Ho T K. The random subspace method for constructing decision forests. IEEE Transactions on Pattern Analysis and Machine Intelligence，1998，20（8）：832-844.
[76] Zhou Z H. Ensemble Methods：Foundations and Algorithms. London：Chapman & Hall，2012.
[77] Dietterich T G. Ensemble methods in machine learning//MCS 2000. International Workshop on Multiple Classifier Systems. Berlin，Heidelberg：Springer，2000：1-15.
[78] Windeatt T，Ardeshir G. Decision tree simplification for classifier ensembles. International Journal of Pattern Recognition and Artificial Intelligence，2004，18（5）：749-776.
[79] Wang G，Ma J，Yang S. IGF-Bagging：Information gain based feature selection for Bagging. International Journal of Innovative Computing，Information and Control，2011，7（11）：6247-6259.
[80] Pang B，Lee L. A sentimental education：Sentiment analysis using subjectivity summarization based on minimum cuts. Barcelona：Proceedings of the 42nd Annual Meeting on Association for Computational Linguistics，2004：271-278.
[81] Whitehead M，Yaeger L. Building a general purpose cross-domain sentiment mining model. Los Angeles：Computer Science and Information Engineering，2009 WRI World Congress on，2009：472-476.
[82] Ying S，Yong Z，Ji D，et al. Ensemble learning for sentiment classification. Wuhan：Chinese Lexical Semantics，2013：84-93.
[83] Chen J，Huang H，Tian S，et al. Feature selection for text classification with Naïve Bayes. Expert Systems with Applications，2009，36（3）：5432-5435.
[84] Quinlan J R. C4. 5：Programs for Machine Learning. San Mateo：Morgan Kaufmann，1993.
[85] Cover T，Hart P. Nearest neighbor pattern classification. Information Theory，IEEE Transactions on，1967，13（1）：21-27.
[86] Vapnik V N. The Nature of Statistical Learning Theory. Berlin：Springer-Verlag，2000.
[87] Witten I H，Frank E，Hall M A. Data Mining：Practical Machine Learning Tools and Techniques. San Mateo：Morgan Kaufmann，2011.
[88] Abbasi A，Chen H，Thoms S，et al. Affect analysis of web forums and blogs using correlation ensembles. IEEE Transactions on Knowledge and Data Engineering，2008，20（9）：1168-1180.
[89] Demšar J. Statistical comparisons of classifiers over multiple data sets. The Journal of Machine Learning Research，2006，7：1-30.
[90] García-Pedrajas N. Constructing ensembles of classifiers by means of weighted instance selection. Neural Networks，IEEE Transactions on，2009，20（2）：258-277.
[91] Iman R L，Davenport J M. Approximations of the critical region of the Fbietkan statistic. Communications in Statistics-Theory and Methods，1980，9（6）：571-595.
[92] Wilcoxon F. Individual comparisons by ranking methods. Biometrics Bulletin，1945，1（6）：80-83.
[93] Webb G I. MultiBoosting：A technique for combining Boosting and wagging. Machine Learning，2000，40（2）：159-196.
[94] Bauer E，Kohavi R. An empirical comparison of voting classification algorithms：Bagging，

Boosting，and variants. Machine Learning，1999，36（1-2）：105-139.

[95] Forman G. An extensive empirical study of feature selection metrics for text classification. The Journal of Machine Learning Research，2003，3：1289-1305.

[96] He Y，Zhou D. Self-training from labeled features for sentiment analysis. Information Processing & Management，2011，47（4）：606-616.

[97] Horrigan J A. Online shopping. Washington：Pew Internet & American Life Project Report，2008.

[98] Abbasi A. Affect intensity analysis of dark web forums. New Brunswick：Proceedings of 2007 IEEE Intelligence and Security Informatics，2007：282-289.

[99] Da Silva N F F，Hruschka E R，Hruschka Jr E R. Tweet sentiment analysis with classifier ensembles. Decision Support Systems，2014，66（10）：170-179.

[100] Wang G，Hao J，Ma J，et al. A comparative assessment of ensemble learning for credit scoring. Expert Systems with Applications，2011，38（1）：223-230.

[101] Wang G，Ma J. Study of corporate credit risk prediction based on integrating Boosting and random subspace. Expert Systems with Applications，2011，38（11）：13871-13878.

[102] Zhang Z. Mining relational data from text：From strictly supervised to weakly supervised learning. Information Systems，2008，33（3）：300-314.

[103] Rodriguez J J，Kuncheva L I，Alonso C J. Rotation forest：A new classifier ensemble method. Pattern Analysis and Machine Intelligence，IEEE Transactions on，2006，28（10）：1619-1630.

[104] Winkler E. Understanding Language 2e：A Basic Course in Linguistics. London：Continuum，2012.

[105] Miller G A.WordNet：A lexical database for English. Communications of the ACM，1995，38（11）：39-41.

[106] Liu Z，Yu W，Wei C，et al. Short text feature selection for micro-blog mining. Wuhan：Computational Intelligence and Software Engineering，2010 International Conference on，2010：1-4.

[107] D'hondt E，Verberne S，Weber N，et al. Using skipgrams and PoS-based feature selection for patent classification. Computational Linguistics in the Netherlands Journal，2012，2：52-70.

[108] Toutanova K，Manning C D. Enriching the knowledge sources used in a maximum entropy part-of-speech tagger. Hong Kong：Proceedings of the 2000 Joint SIGDAT Conference on Empirical Methods in Natural Language Processing and Very Large Corpora：Held in Conjunction with the 38th Annual Meeting of the Association for Computational Linguistics，2000：63-70.

[109] Wang G，Ma J. A hybrid ensemble approach for enterprise credit risk assessment based on support vector machine. Expert Systems with Applications，2012，39（5）：5325-5331.

[110] Baccianella S，Esuli A，Sebastiani F. SentiWordNet 3.0：An Enhanced Lexical Resource for Sentiment Analysis and Opinion Mining. Valletta：LREC，2010.

[111] Socher R，Perelygin A，Wu J Y，et al. Recursive deep models for semantic compositionality over a sentiment treebank. Seattle：Proceedings of the Conference on Empirical Methods in Natural Language Processing，2013：1631-1642.

[112] Thelwall M，Buckley K，Paltoglou G. Sentiment strength detection for the social web. Journal of the American Society for Information Science and Technology，2012，63（1）：163-173.

[113] Wilson T，Hoffmann P，Somasundaran S，et al. OpinionFinder：A system for subjectivity analysis. Vancouver：Proceedings of HLT/EMNLP on Interactive Demonstrations，2005：34-35.

[114] Kohavi R，Wolpert D H. Bias plus variance decomposition for zero-one loss functions. Bari：Proceedings of the 13th International Conference on Machine Learning，1996：275-283.

[115] Breiman L. Arcing classifier（with discussion and a rejoinder by the author）. The Annals of Statistics，1998，26（3）：801-849.

[116] 叶强，张紫琼，罗振雄. 面向互联网评论情感分析的中文主观性自动判别方法研究. 信息系统学报，2007（1）：79-91.

[117] 赵妍妍，秦兵，刘挺. 文本情感分析. 软件学报，2010，21（8）：1834-1848.

[118] 黄伯荣，廖序东. 现代汉语. 北京：高等教育出版社，2011.

[119] Fernández A，Garcia S，Herrera F，et al. SMOTE for learning from imbalanced data：Progress and challenges，marking the 15-year anniversary. Journal of Artificial Intelligence Research，2018，61：863-905.

[120] Liu X Y，Wu J，Zhou Z H. Exploratory undersampling for class-imbalance learning. IEEE Transactions on Systems，Man，and Cybernetics，Part B，2008，39（2）：539-550.

[121] López V，Fernández A，García S，et al. An insight into classification with imbalanced data：Empirical results and current trends on using data intrinsic characteristics. Information Sciences，2013，250（11）：113-141.

[122] Zheng X，Zhu S，Lin Z. Capturing the essence of word-of-mouth for social commerce：Assessing the quality of online e-commerce reviews by a semi-supervised approach. Decision Support Systems，2013，56：211-222.

[123] Silva N F F D，Coletta L F S，Hruschka E R. A survey and comparative study of tweet sentiment analysis via semi-supervised learning. ACM Computing Surveys，2016，49（1）：1-26.

[124] Huang G，Song S，Gupta J N D，et al. Semi-supervised and unsupervised extreme learning machines. IEEE Transactions on Cybernetics，2014，44（12）：2405-2417.

[125] Zhu X，Goldberg A B. Introduction to semi-supervised learning. Synthesis Lectures on Artificial Intelligence and Machine Learning，2009，3（1）：1-130.

[126] Jin W，Ho H H，Srihari R K. OpinionMiner：A novel machine learning system for web opinion mining and extraction. Paris：Proceedings of the 15th ACM SIGKDD International Conference on Knowledge Discovery and Data Mining，2009：1-9.

[127] Wan X. Co-training for cross-lingual sentiment classification. Suntec：Proceedings of the Joint Conference of the 47th Annual Meeting of the ACL and the 4th International Joint Conference on Natural Language Processing of the AFNLP，2009：235-243.

[128] Nigam K，Ghani R. Analyzing the effectiveness and applicability of co-training. McLean：Proceedings of the Ninth International Conference on Information and Knowledge Management，2000：86-93.

[129] Wang W，Zhou Z H. Analyzing co-training style algorithms//Machine Learning：ECML 2007. Berlin：Springer-Verlag，2007：454-465.